# 严寒干燥地区拱坝高性能
# 混凝土设计和温控技术

李秀琳　丁照祥　王庆勇
倪志华　高　鹏　　著

U0283697

中国建材工业出版社

图书在版编目（CIP）数据

严寒干燥地区拱坝高性能混凝土设计和温控技术/
李秀琳等著．--北京：中国建材工业出版社，2020.5
ISBN 978-7-5160-2891-9

Ⅰ.①严… Ⅱ.①李… Ⅲ.①混凝土坝—拱坝—设计
②混凝土坝—拱坝—温度控制 Ⅳ.①TV642.4

中国版本图书馆 CIP 数据核字（2020）第 061874 号

## 内 容 提 要

本书从理论和实践两个方面系统地总结了严寒地区大体积混凝土温度场变化规律与保温混凝土温度场的计算方法及保温防裂技术措施，结合工程实际监测资料，遵循从实践到理论再到实践的思路，系统研究了严寒地区大体积混凝土温度场变化规律、混凝土热学参数变化规律、气温对混凝土温度场的影响、寒潮对混凝土温度的影响、越冬期间混凝土温度降幅的估算、保温材料选择及实例，具有较强的指导性和实用性。

本书可供大体积混凝土结构设计、施工及管理人员使用，也可供有关院校师生及相关领域的科研人员参考。

**严寒干燥地区拱坝高性能混凝土设计和温控技术**

Yanhan Ganzao Diqu Gongba Gaoxingneng Hunningtu Sheji he Wenkong Jishu

李秀琳　丁照祥　王庆勇　倪志华　高　鹏　著

出版发行　中国建材工业出版社
地　　址：北京市海淀区三里河路 1 号
邮　　编：100044
经　　销：全国各地新华书店
印　　刷：北京鑫正大印刷有限公司
开　　本：710mm×1000mm　1/16
印　　张：13.5
字　　数：260 千字
版　　次：2020 年 5 月第 1 版
印　　次：2020 年 5 月第 1 次
定　　价：**68.00 元**

# 前　言

本书介绍了在严寒干燥大温差气候地区，在建设方的组织下，参建的设计、施工、监理等多家单位辛勤耕耘，建设一座质量优良的百米级常态混凝土双曲中厚拱坝的施工经验。

本书从理论和实践两个方面系统、详细地总结了严寒地区大体积混凝土温度场变化规律与保温混凝土温度场的计算方法及保温防裂技术措施，结合工程实际监测资料，遵循从实践到理论再到实践的思路，系统研究了严寒地区大体积混凝土温度场变化规律、混凝土热学参数变化规律、气温对混凝土温度场的影响、寒潮对混凝土温度的影响、越冬期间混凝土温度降幅的估算、保温材料选择及实例，包括混凝土配合比材料设计实验研究、外悬挂翻转工程模板工艺流程、大体积混凝土浇筑温控控制技术难点、严寒时段坝体封拱灌浆过程技术控制要点、坝体永久保温工程的施工技术等。

这种深入的考察研究、工况分析、问题梳理、理论总结、试验论证等大量科学、系统的研究工作过程，取得多项科技成果，完成了"钙膜骨料的试验研究与工程应用"课题，编写了"严寒区常态混凝土拱坝施工工法""严寒干旱区堆石混凝土施工工法""严寒区永久保温施工工法"等，并应用于工程，发表了近20篇学术论文，申报了大坝保温防渗一体化专利技术。该书具有较强的指导性和实用性，为以后类似工程的建设提供了全面、系统的参数经验借鉴。

参加本书编写的还有新疆额尔齐斯河流域开发工程建设管理局董武、王建、姜旭新、李行星、古丽哥娜·尼加提、陈明山、何艳飞、马雪荔，中国水利水电科学研究院材料研究所李蓉，中国建筑材料联合会武文博，北京市南水北调工程建设管理中心桑亮，北京市凉水河管理处黎小红、王贺然，山东百盛建工集团有限公司巩娜，新疆万华昌兴节能科技有限责任公司张恒瑜、陈晓泓。本书得到了国家重点研发计划课题（2018YFC0407103）、中国水利水电科学研究院基本科研业务费专项（SM0145B632017）的资助，在此表示感谢！本书可供水电工程施工、监理、设计、管理人员参考。

著　者
2020 年 2 月 6 日

# 目　　录

第 1 章

# 工程简介

## 1.1　工程概况

某工程电站总库容 2.21 亿 $m^3$，工程等级为 II 等工程，工程规模为大（2）型。大坝为常态混凝土双曲中厚拱坝，坝顶高程 649m，最大坝高 94m，坝顶厚 10m，坝底厚 27m，厚高比为 0.287。大坝分为 22 个坝段，共设置 21 道横缝，横缝采用径向或近乎径向布置，缝面内设置球面键槽并埋设重复灌浆系统。混凝土总方量为 31.1 万 $m^3$。水库正常蓄水位 646m；电站装机容量 220MW。混凝土拱坝设计洪水标准为 100 年一遇（$P=1\%$、洪峰流量 $Q=2740m^3/s$），校核洪水标准为 1000 年一遇（$P=0.1\%$、洪峰流量 $Q=3935m^3/s$）。地震设防烈度为 7 度。

## 1.2　水文气象

根据某工程所在地气象站 1961—2007 年的气象资料统计，坝址区多年平均气温为 5℃，极端最高气温 39.4℃，极端最低气温 −41.2℃；多年平均降水量为 153.4mm，多年平均蒸发量为 1619.5mm；多年平均风速 3.7m/s，极端最大风速 32.1m/s；最大积雪深 46cm，最大冻土深 127cm；冬季封冻，5—10 月平均水温为 9.3℃，最高水温为 20.2℃，属大陆性北温及寒温带气候（表 1.1～表 1.4）。坝址区受沙漠气候的影响，呈现出空气干燥、春秋季短、夏季较凉爽、冬季较长且多严寒、年气温差较悬殊、寒潮次数多、日温差大等气候特点，因此，提高大坝混凝土抗冻耐久性、抗渗性和抗裂性，是保证水电站工程质量的关键。

表 1.1　某工程所在地气象站气象特征值统计表

| 项　　目 | | 单　　位 | 工程所在地 |
|---|---|---|---|
| 气温 | 多年平均气温 | ℃ | 5 |
| | 极端最高气温 | ℃ | 39.4 |
| | 极端最低气温 | ℃ | −41.2 |
| 降水量 | 多年平均降水量 | mm | 153.4 |
| | 最大一日降水量 | mm | 34 |
| 蒸发量 | 多年平均蒸发量 | mm | 1619.5 |

续表

| 项　目 | | 单　位 | 工程所在地 |
|---|---|---|---|
| 风速 | 多年平均风速 | m/s | 3.7 |
| | 最大风速 | m/s | 32.1 |
| | 最大风风向 | | NW |
| 积雪 | 最大积雪深度 | cm | 46 |
| 冻土 | 最大冻土深度 | cm | 127 |

**表 1.2　工程所在地各月平均气温统计表**

| 项　目 | 月　份 | | | | | | | | | | | | 全年 |
|---|---|---|---|---|---|---|---|---|---|---|---|---|---|
| | 1 | 2 | 3 | 4 | 5 | 6 | 7 | 8 | 9 | 10 | 11 | 12 | |
| 多年平均气温（℃） | −16.4 | −13.3 | −3.5 | 8.4 | 16.2 | 21.3 | 22.5 | 20.5 | 14.3 | 6.2 | −3.3 | −13.4 | 5.0 |

**表 1.3　工程所在地气象站多年平均特征气象参数统计表**

| 项　目 | 月　份 | | | | | | | | | | | | 全年 |
|---|---|---|---|---|---|---|---|---|---|---|---|---|---|
| | 1 | 2 | 3 | 4 | 5 | 6 | 7 | 8 | 9 | 10 | 11 | 12 | |
| 多年平均气温（℃） | −16.4 | −13.3 | −3.5 | 8.4 | 16.2 | 21.3 | 22.5 | 20.5 | 14.3 | 6.2 | −3.3 | −13.4 | 5.0 |
| 气温≥25℃日数 | 0 | 0 | 0 | 0 | 0.3 | 2.8 | 5 | 2.3 | 0.1 | 0 | 0 | 0 | 10.5 |
| 气温>5℃日数 | 0 | 0 | 1.3 | 17 | 29 | 30 | 31 | 28.9 | 13.8 | 0.3 | 0 | 0 | 151.3 |
| 气温≤5℃日数 | 31 | 28.3 | 29.7 | 13.0 | 2.0 | 0 | 0 | 0 | 1.1 | 17.2 | 29.7 | 31 | 182.9 |
| 气温≤0℃日数 | 31 | 28.3 | 25.5 | 4.74 | 0 | 0 | 0 | 0 | 0.1 | 7.5 | 26.8 | 31 | 154.8 |
| 气温≤−10℃日数 | 30.1 | 25.7 | 13.7 | 0.09 | 0 | 0 | 0 | 0 | 0 | 0 | 12.2 | 28 | 109.7 |
| 日降水量≥5mm 日数 | 0 | 0 | 0 | 0.4 | 0.7 | 0.9 | 1.1 | 0.7 | 0.5 | 0.4 | 0.2 | 0 | 4.9 |
| 日降水量≥20mm 日数 | 0 | 0 | 0 | 0.1 | 0.1 | 0.1 | 0.2 | 0.2 | 0.1 | 0.1 | 0 | 0 | 0.9 |
| ≥6级大风日数 | 0.6 | 0.4 | 1.5 | 3.8 | 3.7 | 3.3 | 2.8 | 2.5 | 1.9 | 1.9 | 1 | 0.3 | 23.7 |

**表 1.4　工程所在地水文站实测冰情统计表**

| 项目 | 开始结冰 | 全部融冰 | 开始封冻 | 开始解冰 | 最大（小） | 最长（短） |
|------|---------|---------|---------|---------|-----------|-----------|
| 日期 | 月/日 | 月/日 | 月/日 | 月/日 | 冰厚（m） | 封冻天数 |
| 最早 | 10/15 | 4/16 | 11/26 | 4/11 | 1.47（0.66） | 154（71） |
| 最晚 | 11/28 | | 12/8 | 4/27 | | |

## 1.3　地形地质条件

该水库为典型的峡谷型水库，河流流向近南北向，坝址至上游 27km 长度范围内，河谷谷底宽 50～100m，两岸基岩裸露。大坝轴线处河道较平直，枯水期水位 571.0m，河水面宽 25～40m，正常水位 646m，对应河谷宽度 217m，河谷断面呈不对称 V 形。两岸地形左陡右稍缓，左岸高程 590m 以上山体地形坡度较陡，坡度 50°～60°，部分为陡壁，基岩裸露，高程 590m 以下段坡度 24°～37°；右岸岸坡 30°～50°，局部为陡壁。两岸山顶高程 850m，相对高差约 280m。两岸零星分布有 Ⅱ～Ⅳ 级阶地，阶地宽度不大，沿河两岸发育多条规模较大的冲沟，且垂直现代河床发育，常年有水补给河水。

库区内出露的地层岩性在峡谷段主要为泥盆系中统阿尔泰组黑云母石英片岩、黑云母斜长片麻岩和绢云母石英片岩等以及侵入的黑云母闪长岩，层状、块状结构，岩体坚硬、较完整。

## 1.4　工期安排

根据工程施工总进度计划，施工总工期为 4.5 年，在整个施工期内，坝体共经历 3 个汛期。综合考虑水文、气象条件、度汛标准、大坝混凝土浇筑强度等因素，大坝施工导流及坝体施工期临时度汛采用围堰及坝体临时断面挡水、导流洞泄洪方式。

大坝施工导流、度汛时段可划分为初期围堰挡水时段、主体工程施工期围堰度汛和蓄水完建时段 3 个阶段。

（1）初期围堰挡水时段为第三年 5 月至第四年 8 月，导流洪水标准采用 10 年一遇，施工导流由围堰挡水，导流洞泄流。

（2）主体工程施工期坝体临时度汛阶段为第四年 8 月至第五年 10 月，当坝体浇筑高度超过围堰顶高程后，度汛洪水标准采用 20 年一遇，此时坝体度汛期坝前最高水位 602.29m，仍然由围堰断面挡水，导流洞泄流；围堰设计按施工度汛高程一次建成，即达到 604.0m 高程。

（3）第五年 10 月至第五年年底为蓄水完建阶段，围堰拆除，导流洞下闸封堵，由坝体挡水，深孔泄流。

## 1.5　大坝浇筑方式

坝体混凝土浇筑为本工程的控制性工期项目，坝体混凝土总量约为 34.27 万 $m^3$（不包括泄水建筑物），根据浇筑曲线分析，最大混凝土浇筑面积出现在 620.0m 高程，面积为 3870$m^2$，最小混凝土浇筑面积在 555.0m 高程，面积为 1600$m^2$。根据坝体横向分缝情况，每一层浇筑平面自然分成 22 个小仓面（坝段），其最大平均面积为 242$m^3$，初步考虑每个小仓面浇筑高度为 3m，并同时跳仓浇筑 3 个小仓面，则每一浇筑面同时浇筑的仓面总面积为 726$m^2$ 左右，混凝土浇筑量 2178$m^3$。

拱坝混凝土浇筑有浇筑强度高，高峰持续时间长和施工干扰大（坝体施工与坝身孔洞、廊道施工和金属结构、预埋件安装之间相互干扰）等特点。由于坝址两岸山坡陡峻，对于 100m 级拱坝选择的坝体施工方法需同时满足施工进度、施工质量、坝上金属结构及其他辅助吊运等要求。

结合本工程具体情况，坝体混凝土浇筑采用缆机入仓方案，缆机具有跨距大、效率高、工作范围大等特点，是适合于在狭窄河谷上浇筑大坝混凝土的主要起重机。

在满足混凝土吊运要求和地形许可的前提下，缆机可优先选用辐射式和无塔架或低塔架的支架形式。辐射式缆机的覆盖范围为一扇形面，特别适用于拱坝及狭长条形坝的施工，和其他机型（比如平移式）相比，辐射式缆机具有布置灵活性大、基础工程量小、造价低、安装及管理方便等优点，故在选定机型时应优先予以考虑。

缆机施工的经验表明，单台 20t 缆机的月平均生产率可达 2.5 万～3 万 $m^3$，高峰月生产率可达 3 万～3.5 万 $m^3$。根据本工程枢纽布置形式、地形情况、混凝土总量（34.27 万 $m^3$）和高峰月浇筑强度（约 3.0 万 $m^3$），结合近年来国内缆机生产、使用情况，初步选用一台 20t 辐射式缆机作为大坝混凝土主要垂直运输设备。

为满足缆机安装及运行要求，该方案主要土建施工项目有左右岸上缆公路修建，两岸缆机设备安装所需要的平台基础开挖、填筑、边坡支护，基础处理和基础混凝土浇筑等。

## 1.6　永久保温工程

某工程所在地区气候条件恶劣，大坝混凝土浇筑客观上存在"冷""热""风""干"四大不利因素。工程所在地区年气温差较悬殊，寒潮次数多，日温差大；拱坝一般比较单薄，对外界气温和水温的变化较为敏感，坝体温度变化比较大，温度变形受到的外界约束比较大，因此温度应力对拱坝安全的影响非常显著。为有效防止及控制裂缝的产生，大坝混凝土表层在施工期和运行期必须采取可靠的保温措施。大坝原保温措施设计为采用粘贴 10cm 厚 XPS 保温板＋耐碱网格布的方案，由于贴板保温在库区水位变化区容易脱落，不仅影响混凝土保温效果，同时增加后期维护费用。在借鉴其他严寒地区大坝混凝土保温做法的基础上，本工程大坝混凝土永久保温最终确定为喷涂聚氨酯的保温方案，总保温面积 4 万 m²。大坝永久保温设计方案是坝体上下游混凝土面采用 10cm 厚喷涂硬泡聚氨酯保温层结构，保温层外喷涂防老化面漆，具有防渗要求的上游坝面基层采用聚脲涂层进行坝面混凝土防渗处理，水位变化区采用抗冰拔措施，防止冰拔破坏保温层结构。

聚氨酯保温多用于我国严寒地区工业与民用建筑和制冷供热工厂的保温隔热，新疆某水库最早将聚氨酯用于大坝混凝土永久保温，在总结其他工程应用的基础上进行消化、引进、吸收，将喷涂硬质发泡聚氨酯永久保温施工技术应用于本工程大坝混凝土的永久保温。通过应用实践，验证其方案的可行性和质量可靠性，总结对工期、经济效益的贡献程度，从而考虑在类似工程中应用推广。同时，通过改进，在保温中增加永久聚脲涂层和防老化面漆涂层，增强混凝土抗渗性能和耐久性能。聚氨酯是一种由多异氰酸酯和多元醇反应并具有多个氨基甲酸酯链段的有机高分子材料，其产品种类很多，最早由德国拜耳教授发明。我国于 21 世纪初进入聚氨酯的快速发展时期，并开始大量应用聚氨酯产品。本工程主要应用的是硬质发泡聚氨酯和聚脲。

以往，大坝工程的保温防裂一般采用泡沫塑料板或纸板，或采用泡沫塑料板加聚氯乙烯薄膜及聚苯乙烯泡沫塑料板，以及保温被、聚乙烯气垫薄膜、聚乙烯泡沫塑料被等，存在施工工艺复杂、保温效果不稳定、不持续、不防火等问题。经方案优选，项目设计确定了大坝永久面和临时越冬面采用喷涂聚氨酯保温的方案。聚氨酯材料在以下一些方面的性能使其能够用于水库坝体保温。

（1）优良的保温性能：硬泡聚氨酯的导热系数低于 0.024W/（m·K），是目前可以大量工业化生产的性能优异的保温材料。本项目设计 100mm 厚聚氨酯热阻值为 3.93m²·K/W，达到相同的保温效果，聚苯板需要 190mm 厚、黏土砖墙需达到 1720mm 厚。

（2）良好的防水性：聚氨酯在现场发泡成型，整体无任何接缝，材料本身的闭孔率超过 90%，使得其在水上和水下的保温效果基本接近，而不会因为保温层进水失效使其在水下无任何保温作用。

（3）与基层粘结能力强：聚氨酯是良好的粘结材料，与混凝土及各种建材之间的粘结能力高于聚氨酯材料的本体强度，液态聚氨酯喷涂到基层，瞬间在基层空隙间发泡，粘结面积增加 2~4 倍，聚氨酯和基层 100%粘结，无空腔。

（4）优良的本体力学性能：通过特殊工艺处理的纤维增强聚氨酯保温材料，在保持了原有聚氨酯的保温防水性能以外，力学性能有了很大的提高，其拉拔强度很容易实现大于 0.5MPa。

严寒地区大坝混凝土浇筑施工期短，浇筑强度高。冬季，大坝上下游表面混凝土温度梯度、内外混凝土温差均很大，为了消减大坝表面温度梯度，控制大坝表面温度应力，防止大坝危害性裂缝的产生，采用聚氨酯对混凝土进行保温具有很好的效果，保证坝体结构混凝土的温度处于持续稳定环境，故本工程选择聚氨酯对坝体进行保温的方案是正确的。

## 1.7 工程组织安排

拱坝具有工程量少、造价低、超载能力强、内部应力分布均匀、运行安全等优良的技术经济性能，逐渐成为坝工界较为推崇的坝型之一。我国于 20 世纪 50 年代开始修建混凝土拱坝，目前国内绝大部分混凝土拱坝修建在低纬度地区，技术已较成熟。但本工程是在"冷、热、风、干"的严酷气候条件下进行常态混凝土拱坝施工，目前尚无成熟的经验可以借鉴，对坝工界来说也是一个挑战，仍有众多技术难题需要进一步研究和解决。其主要技术问题有高蒸发引起的混凝土表面失水影响层间结合质量问题、极端气候条件引发的混凝土温控问题、长间歇混凝土越冬层面可能存在发生水平裂缝的问题、坝基有盖重固结灌浆对工期的制约问题等，在施工过程中，业主、设计、监理、施工以及有关科研单位针对本工程特性做了大量的工作。经过建设者的科学管理、大胆创新、提前规划、精心组织，工程于 2014 年 9 月实现下闸蓄水，2015 年 5 月 5 日主坝混凝土施工完成，2015 年 10 月底大坝水位达到正常蓄水位，目前主坝施工已顺利完工。从 2011—2015 年度浇筑的混凝土温控监测和钻孔取芯结果来看，各项指标均在设计和理论计算范围内，在快速施工的同时保证了较高的质量水平。

# 第 2 章
# 常态拱坝高性能混凝土设计

## 2.1　大坝混凝土配合比技术要求及设计思路

### 2.1.1　某工程大坝混凝土技术要求

山口大坝混凝土材料分区如图 2.1 所示，具体如下：

A（Ⅰ—1）区：高程 558～567m 坝体混凝土，四级配；

A（Ⅰ—2）区：高程 620～647m 坝体混凝土，四级配；

A（Ⅱ）区：高程 567～620m 坝体混凝土，四级配；

A（Ⅲ）区：基础垫层混凝土，厚 3m，三级配；

A（Ⅳ）区：坝顶常态混凝土，厚 2m，三级配；

A（Ⅴ）区：溢流面高性能混凝土，三级配；

A（Ⅵ）区：表、底孔闸墩及表孔倒悬部位混凝土，三级配；

A（Ⅶ）区：消能塘、护坦底板、边墙部位混凝土，三级配。

混凝土双曲拱坝每隔 15m 设置一条横缝，共分为 21 个坝段，不设纵缝通仓浇筑。坝体各部位混凝土设计指标见表 2.1。

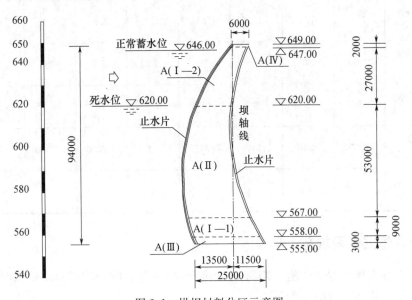

图 2.1　拱坝材料分区示意图

### 表 2.1　山口大坝各部位混凝土设计指标

| 分区编号 | A（Ⅰ—1） | A（Ⅰ—2） | A（Ⅱ） | A（Ⅲ） | A（Ⅳ） | A（Ⅴ） | A（Ⅵ） | A（Ⅶ） |
|---|---|---|---|---|---|---|---|---|
| 部位 | 高程 558~567m 坝体混凝土 | 高程 620~647m 坝体混凝土 | 高程 567~620m 坝体混凝土 | 基础垫层混凝土 | 坝顶常态混凝土 | 溢流面表层高性能混凝土 | 表孔、底孔闸墩及其倒悬部位混凝土 | 消能塘、护坦底板、边墙 |
| 混凝土种类 | 常态混凝土 | 常态混凝土 | 常态混凝土 | 常态混凝土 | 常态混凝土 | 高性能混凝土 | 常态混凝土 | 常态混凝土 |
| 主要控制指标 | 强度、抗渗、抗冻、抗裂 | 强度、抗渗、抗冻、抗裂 | 强度、抗渗、抗冻、抗裂 | 强度、抗渗 | 强度、抗冻、抗裂 | 强度、抗冻、抗裂、抗冲耐磨、抗空蚀 | 强度、抗冻、抗裂 | 强度、抗冻、抗渗 |
| 混凝土级配 | 四 | 四 | 四 | 三 | 三 | 三 | 三 | 三 |
| 设计强度等级 | $C_{90}25W10$ F300 | $C_{90}25W8$ F300 | $C_{90}30W10$ F300 | $C_{28}25W10$ F200 | $C_{180}25W6$ F200 | $C_{28}40W6$ F300 | $C_{90}25W6$ F200 | $C_{28}25W6$ F200 |
| 强度保证率（%） | 80 | 80 | 80 | 95 | 95 | 95 | 95 | 95 |
| 极限抗压（MPa） | 30 | 30 | 30 | 25 | 25 | 40 | 25 | 25 |
| 抗拉强度（MPa） | 1.7 | 1.7 | 2.0 | 1.7 | 1.7 | 2.2 | 1.7 | 1.7 |
| 抗压弹膜（GPa） | 30 | 30 | 30 | 28 | 28 | 32.5 | 28 | 28 |
| 混凝土含气率（%） | 5 | 5 | 5 | 4.5 | 4.5 | 5 | 4.5 | 4.5 |
| 密度（kg/m³） | ≥2400 | ≥2400 | ≥2400 | ≥2400 | ≥2400 | ≥2400 | ≥2400 | ≥2400 |
| 极限拉伸（$\times 10^{-4}$） | >0.85 | >0.85 | >0.85 | >0.80 | >0.80 | >0.85 | >0.85 | >0.85 |

## 2.1.2　依据规程规范

某工程大坝工程主体施工期为 2010 年至 2014 年，配合比试验均按当时最新标准执行。主要执行标准如下：

《通用硅酸盐水泥》　GB 175—2007

《水泥细度检验方法筛析法》 GB/T 1345—2005

《水泥比表面积测定方法 勃氏法》GB/T 8074—2008

《水泥标准稠度用水量、凝结时间、安全性检验方法》GB/T 1346—2011

《水泥胶砂强度检验方法（ISO 法）》 GB/T 17671—1999

《水泥水化热测定方法》 GB/T 12959—2008

《混凝土外加剂》 GB 8076—2008

《混凝土外加剂匀质性试验方法》GB/T 8077—2012

《水工混凝土试验规程》 SL 352—2006

《水工混凝土掺用粉煤灰技术规程》 DL/T 5055—2007

《水工混凝土外加剂技术规程》 DL/T 5100—2014

《水工混凝土砂石骨料试验规程》 DL/T 5151—2014

《水工建筑物抗冲磨防空蚀混凝土技术规范》DL/T 5207—2005

《高性能混凝土应用技术规程》 CECS 207—2006

《混凝土用水标准》 JGJ 63—2006

## 2.1.3 设计思路及试验情况

初期基本配合比试验由相关单位试验中心完成。试验工作重点是在参考《某水电站工程混凝土配合比试验大纲》基础上，结合工程实际和配合比试验研究经验，以初步工艺生产和选择的材料，及早进行配合比试验并提供投标及施工基本配合比。根据设计指标要求和工程进展情况，大坝混凝土主要采用三级配和四级配。为加快试验进度，在对初步工艺生产的砂石骨料和选择的水泥、粉煤灰、外加剂等材料进行检测的基础上，按设计参数直接开展三级配混凝土的拌合物性能、力学性能、耐久性能关系试验，根据结果进行三级配配合比优选，同时选择四级配和抗冲磨混凝土配合比参数进行试验。

大坝混凝土的主要控制指标为"强度、抗渗、抗冻、抗裂"，抗冲磨混凝土还提出"抗冲磨、抗空蚀"要求。严寒地区水工大体积混凝土强度要求水胶比不宜过大，掺合材比例和胶材用量应适宜；混凝土耐久性与含气率和强度等级有较好的相关性，特别是目前工程界提倡的混凝土高性能化对抗冻和含气率指标提出了更严格的要求，所以混凝土含气率不能低；混凝土抗裂性能要求尽量降低水泥用量和用水量，适当增加掺合材用量以减少混凝土发热量和收缩变形，同时应保证混凝土的极限拉伸方面的变形能力。而抗冲磨、抗空蚀方面主要要求混凝土高强度、较低掺合材用量比例以及施工工艺。因此，大坝混凝土配合比设计试验的技术路线为双掺减水剂和引气剂、高掺粉煤灰、低水胶比、较低用水量、高含气率、较低坍落度控制，达到适宜强度、较好施工性、高性能化和较好抗裂性的目的。根据专家咨询会意见，初步拟定交差关系试验的水胶比变化为 0.38、0.43、

0.48，胶材总量中粉煤灰掺量变化为 35%、45%、55%。交差关系试验采用三级配混凝土进行，以某地水泥和某火电厂粉煤灰作为胶材，掺用某公司外加剂，进行不同水胶比、不同胶材组合的试验。参照三级配试验结果选定四级配的水胶比、掺合料掺量进行试验。

配合比试验自 2009 年 7 月中旬开始进行。考虑 90d 设计龄期、抗冻 F300 次约需时 50d（若 F400 则需 65d），为了加快进度、节约时间，首先开展原材料主要指标检测，特别是细度、级配、吸水性、密度、空隙率等，在此基础上进行了骨料级配混合比例选择试验和用水量、砂率调试选择试验；结合调试拌和情况，8 月份起开展三级配各水胶比、粉煤灰掺量的强度、极拉、弹模、抗冻、抗渗等关系成型试验；9 月起根据早期强度和其他工程参数规律初选了四级配配合比参数和三级配混凝土配合比进行调试试验；为了保证科研单位全级配试验尽早开展，进行了 28d 龄期耐久性和力学性能试验，初选配合比的 28d 力学和耐久性指标满足设计要求；根据初期试验结果编制《新疆某山口水电站工程大坝混凝土配合比试验报告》（相关单位试验中心，2010.04）。后续试验结果表明，三级配混凝土和四级配大坝混凝土设计龄期的抗冻试验结果均满足 400 次冻融循环，推荐基本配合比的各项指标满足设计施工要求。

自 2009 年 12 月开始，某单位进行了山口大坝四级配混凝土配合比的全级配试验，混凝土湿筛试验结果与相关单位试验中心结果基本相当，混凝土全级配和湿筛试验结果满足施工与设计要求。某单位采用符合中热水泥要求的水泥等材料进行了施工配合比自生体积变形和热学复核试验，试验结果表明，现场施工使用的混凝土配合比自生体积变形和热学等性能指标均满足设计和施工要求。

## 2.2 大坝混凝土基本配合比试验

### 2.2.1 原材料

1. 水泥

按就近取材的原则，试验用的水泥采用专家咨询会确定的某水泥厂大磨生产 P·I42.5 盐水泥，该批水泥的物理力学性能检测结果见表 2.2，水泥化学成分检测结果见表 2.3。结果表明，该批水泥 3 次检测的颗粒比表面积平均值高于 300m²/kg 控制指标，28d 胶砂抗压强度平均值也满足 42.5MPa 要求，碱含量接近控制值，氧化镁含量不高，该批水泥物理力学和化学指标均满足《通用硅酸盐水泥》（GB 175—2007）中 P·I42.5 水泥技术要求。

表 2.2　某厂 P.Ⅰ42.5 水泥物理力学性能检测结果

| 项目 | 比表面积 (m²/kg) | 细度 (%) | 标准稠度 (%) | 凝结时间 (min) | | 密度 (g/cm³) | 安定性 | 抗压强度 (MPa) | | | | | 抗折强度 (MPa) | | | | |
| --- | --- | --- | --- | --- | --- | --- | --- | --- | --- | --- | --- | --- | --- | --- | --- | --- | --- |
| | | | | 初凝 | 终凝 | | | 3d | 7d | 28d | 90d | 180d | 3d | 7d | 28d | 90d | 180d |
| 技术要求 | ≥300 | — | — | ≥45 | ≤390 | — | 合格 | ≥17.0 | — | ≥42.5 | — | — | ≥3.5 | — | ≥6.5 | — | — |
| 测试均值 | 367 | 3.1 | 25.0 | 85 | 161 | 3.13 | 合格 | 20.9 | 31.1 | 46.7 | 55.8 | 57.8 | 5.3 | 6.6 | 8.0 | 8.9 | 9.0 |

表 2.3　某厂 P.Ⅰ42.5 水泥的化学成分检测结果 (%)

| 项目 | $SiO_2$ | $Al_2O_3$ | $Fe_2O_3$ | CaO | f-CaO | MgO | $SO_3$ | Loss | $R_2O$ | $C_3S$ | $C_2S$ | $C_3A$ | $C_4AF$ |
| --- | --- | --- | --- | --- | --- | --- | --- | --- | --- | --- | --- | --- | --- |
| 技术要求 | — | — | — | — | — | ≤5.0 | ≤3.5 | ≤3.0 | ≤0.6 | — | — | — | — |
| 测值 | 22.68 | 5.28 | 4.26 | 60.99 | 0.44 | 1.76 | 2.28 | 1.60 | 0.53 | 27.79 | 44.25 | 6.77 | 12.95 |

说明：$R_2O=Na_2O+0.658K_2O$ 计算；矿物成分按水泥成品测值推算，供参考。

2. 粉煤灰

试验采用某电厂生产的粉煤灰，在某工程现场 2 次取样，检测结果差异不大，均为Ⅰ级灰，粉煤灰物理性能检测结果见表 2.4，粉煤灰化学成分检测结果见表 2.5，检测结果满足《水工混凝土掺用粉煤灰技术规范》（DL/T 5055—2007）中Ⅰ级粉煤灰要求。

表 2.4　某电厂粉煤灰物理性能检测结果

| 项目 | 含水率（%） | 细度（%） | 需水量（%） | 密度（g/cm³） | 安定性 | 检测结果 |
|---|---|---|---|---|---|---|
| 技术要求 | ≤1 | ≤12 | ≤95 | — | — | Ⅰ级灰 |
| 均值 | 0.08 | 9.1 | 91 | 2.24 | 合格 | Ⅰ级灰 |

表 2.5　某电厂粉煤灰的化学成分检测结果（%）

| 项目 | $SiO_2$ | $Al_2O_3$ | $Fe_2O_3$ | CaO | $SO_3$ | $R_2O$ | MgO | Loss | 检测结果 |
|---|---|---|---|---|---|---|---|---|---|
| 技术要求 | — | — | — | — | ≤3.0 | — | — | ≤5.0 | Ⅰ级灰 |
| 测值 | 50.64 | 21.80 | 9.47 | 9.13 | 1.34 | 1.46 | 3.12 | 1.65 | Ⅰ级灰 |

3. 粉煤灰掺量与胶砂性能关系

为便于经济有效地利用粉煤灰，进行了粉煤灰掺量与水泥胶砂强度关系试验，粉煤灰掺量分别为 0%、20%、30%、40%、50%、60%，其试验结果见表 2.6，胶砂强度随粉煤灰掺量变化关系如图 2.2 所示。由强度变化关系可知，水泥胶砂强度随粉煤灰掺量增加而降低。粉煤灰掺量 30% 以内胶砂强度降低幅度不大，粉煤灰掺量 50% 以上胶砂强度降低幅度明显；为方便比较，增加粉煤灰 45% 掺量的试验，其 90d 强度降幅低于 50% 以上掺量时的规律。

表 2.6　粉煤灰掺量与水泥胶砂强度关系试验结果

| 编号 | 水泥用量（g） | 粉煤灰掺量（%） | 粉煤灰用量（g） | 抗压强度（MPa） | | | | | 抗折强度（MPa） | | | | |
|---|---|---|---|---|---|---|---|---|---|---|---|---|---|
| | | | | 3d | 7d | 28d | 90d | 180d | 3d | 7d | 28d | 90d | 180d |
| F09-31 | 450 | 0 | — | 20.7 | 31.0 | 47.8 | 58.1 | 58.2 | 5.0 | 6.5 | 7.7 | 8.9 | 9.0 |
| F09-31-1 | 360 | 20 | 90 | 17.3 | 25.0 | 40.6 | 56.4 | 66.2 | 4.1 | 5.4 | 7.3 | 9.0 | 10.1 |
| F09-31-2 | 315 | 30 | 135 | 14.6 | 22.5 | 36.9 | 55.8 | 64.0 | 3.6 | 4.9 | 7.2 | 8.7 | 9.9 |
| F09-31-3 | 270 | 40 | 180 | 12.5 | 18.3 | 30.1 | 48.9 | 60.0 | 2.9 | 4.2 | 6.3 | 8.3 | 9.5 |
| F09-32-2 | 247.5 | 45 | 202.5 | 11.2 | 16.7 | 24.0 | 44.8 | 53.4 | 2.9 | 4.1 | 5.4 | 7.5 | 9.2 |
| F09-31-4 | 225 | 50 | 225 | 7.5 | 13.2 | 23.2 | 39.9 | 49.9 | 2.3 | 3.4 | 5.1 | 7.3 | 8.7 |
| F09-31-5 | 180 | 60 | 270 | 4.8 | 9.4 | 16.4 | 28.5 | 39.9 | 1.8 | 2.7 | 3.8 | 6.1 | 8.1 |

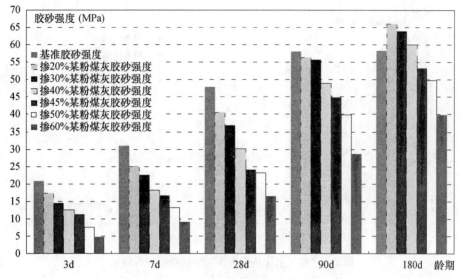

图 2.2　胶砂强度随粉煤灰掺量变化关系图

粉煤灰不同掺量的胶凝材料水化热试验结果见表 2.7，粉煤灰试验掺量分别为 0%、20%、30%、40%、50%。水化热随粉煤灰掺量变化关系如图 2.3 所示。由图可知，水化热随粉煤灰掺量增加而降低；粉煤灰掺量 30% 左右和掺量 40%～50% 时水化热降幅较大，对降低混凝土发热量有利。

综合上述试验结果，设计龄期 28d 的混凝土配合比中粉煤灰掺量可按 30% 左右考虑，设计龄期 90d 的混凝土配合比中粉煤灰掺量建议控制为 40%～50%。

表 2.7　粉煤灰不同掺量的胶凝材料水化热试验结果

| 材料用量（%） | | 水泥水化热（kJ/kg）/水化热降低率（%） | |
| --- | --- | --- | --- |
| 某厂 P·I 42.5 水泥 | 某粉煤灰 | 3d | 7d |
| 100 | 0 | 232 | 264 |
| 80 | 20 | 210 | 244 |
| 70 | 30 | 182 | 215 |
| 60 | 40 | 177 | 215 |
| 50 | 50 | 140 | 177 |

4. 细骨料

采用 C1 料场的天然细砂和由 C1 料场大卵石加工的人工砂混合料。经多次检测，C1 料场的天然细砂细度模数为 1.6～1.9，人工砂的细度模数多为 3.2～3.7。人工砂生产有一定波动，经计算和多次调配，按天然砂 40%、人工砂 60% 的比率配制混合砂时，混合砂的细度模数满足 2.6±0.1 的试验控制范围，各关

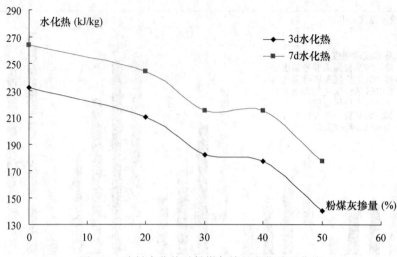

图 2.3　胶材水化热随粉煤灰掺量变化关系曲线

键粒级累计筛余量均在中砂区域内。配合比试验用砂品质和级配检测按《水工混凝土试验规程》（SL 352—2006）执行，结果按《水工混凝土施工规范》（DL/T 5144—2001）控制评价。试验用天然砂、人工砂及混合砂级配检测结果见表 2.8，天然砂、人工砂、混合砂颗粒级配对比曲线如图 2.4 所示，天然砂、人工砂、混合砂品质试验结果见表 2.9。试验结果表明，天然砂、人工砂、混合砂品质符合规范要求，按天然砂 40％、人工砂 60％的比例配制的混合砂细度和级配良好。

表 2.8　天然砂、人工砂及混合砂级配检测结果

| 编号 | 项目 | 筛孔尺寸（mm） | | | | | | | | 含泥量（%） | 石粉量（%） | 细度模数 | 品种 |
| --- | --- | --- | --- | --- | --- | --- | --- | --- | --- | --- | --- | --- | --- |
| | | 10 | 5 | 2.5 | 1.25 | 0.63 | 0.315 | 0.16 | 0.08 | | | | |
| GB/T 14684、DL/T 5144 中砂Ⅱ区 | | 0 | 0~10 | 0~25 | 10~50 | 41~75 | 70~92 | 90~100 | 97~100 | ≤3 | 6~18 | 2.2~3.0 | — |
| Y-55 | 累计筛余量（%） | 0 | 2.35 | 12.31 | 18.14 | 22.91 | 54.72 | 86.84 | 96.05 | 3.95 | 13.16 | 1.88 | 天然砂 |
| Y-68 | | 0 | 1.03 | 32.26 | 53.38 | 64.80 | 80.98 | 91.44 | 97.37 | 2.63 | 8.56 | 3.21 | 人工砂 |
| YH-1 | | 0 | 1.79 | 24.77 | 38.41 | 46.76 | 69.92 | 89.74 | 97.10 | 2.90 | 10.26 | 2.65 | 混合砂 |

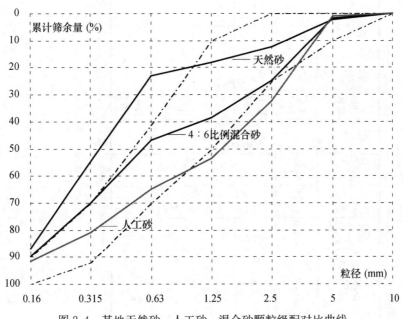

图 2.4 某地天然砂、人工砂、混合砂颗粒级配对比曲线

表 2.9 天然砂、人工砂及混合砂品质试验结果

| 编号 | 样品品种 | 表观密度（kg/m³） | | 吸水率（%） | | 密度（kg/m³） | | 孔隙率（%） | | 泥块含量（%） | 云母含量（%） | 轻物质含量（%） | 硫化物（%） | 坚固性（%） | 有机质含量 |
|---|---|---|---|---|---|---|---|---|---|---|---|---|---|---|---|
| | | 干砂 | 饱干 | 干砂 | 饱干 | 松堆 | 紧堆 | 松堆 | 紧堆 | | | | | | |
| DL/T 5144—2001 | | ≥2500 | — | — | — | — | — | — | — | 不允许 | ≤2 | ≤1 | ≤1 | ≤8 | 浅于标准色 |
| Y-55 | 天然砂 | 2700 | 2670 | 1.1 | 1.0 | 1560 | 1802 | 42 | 33 | 0 | 0.2 | 0.01 | 0.29 | 2.2 | 浅于标准色 |
| Y-68 | 人工砂 | 2720 | 2680 | 1.2 | 1.2 | 1550 | 1887 | 43 | 31 | 0 | 0.2 | 0.005 | 0.26 | 4.06 | 浅于标准色 |
| YH-1 | 混合砂 | 2710 | 2670 | 1.1 | 1.1 | 1600 | 1926 | 41 | 29 | 0 | — | — | — | — | 浅于标准色 |

5. 粗骨料

勘探发现 C1 料场天然小石很少、中石不多、大石多、特大石很多，选择工艺为破碎一部分大石补充小石和中石。粗骨料品质按《水工混凝土试验规程》（SL 352—2006）进行检验，级配试验全部采用方孔筛检验，试验结果按《水工混凝土施工规范》（DL/T 5144—2001）控制评价。粗骨料品质试验结果见表 2.10，结果表明，粗骨料品质指标满足规范要求。

表 2.10　粗骨料品质试验结果

| 编号 | 粒径(mm) | 卵石比率(%) | 碎石比率(%) | 中径筛余(%) | 密度(kg/m²) 干骨料 | 密度(kg/m²) 饱干 | 吸水率(%) 干骨料 | 吸水率(%) 饱干 | 密度(kg/m²) 堆积 | 密度(kg/m²) 振实 | 空隙率(%) 堆积 | 空隙率(%) 振实 | 针片状(%) | 含泥量(%) | 泥块含量(%) | 硫化物(%) | 坚固性(%) | 钙膜含量(%) | 有机质含量(%) | 压碎指标(%) | 软弱颗粒(%) 粒径(mm) |
|---|---|---|---|---|---|---|---|---|---|---|---|---|---|---|---|---|---|---|---|---|---|
| DL/T 5144—2001 |  |  |  | 40~70 | ≥2550 | — | ≤2.5 | — | — | ≥1350 | — | ≤47 | ≤15 | 小中石含泥量 ≤1 | 不允许 | ≤0.5 | ≤5 | — | 浅于标准色 | ≤16 | — |
| Y-57 | 5~20 | 0 | 100 | 81.8 | 2750 | 2730 | 0.43 | 0.43 | 1560 | 1750 | 43 | 36 | 4.4 | 0.8 | 0 |  |  | 不明显 | 浅于标准色 | 4.6 | 5~10　3.1<br>10~20　1.0 |
| Y-58 | 20~40 | 59 | 41 | 60.0 | 2750 | 2740 | 0.30 | 0.30 | 1580 | 1740 | 42 | 37 | 2.0 | 0.6 | 0 |  |  | 14.5 | 浅于标准色 |  | 20~40　0 |
| Y-59 | 40~80 | 100 | 0 | 19.8 | 2740 | 2730 | 0.24 | 0.24 | 1650 | 1770 | 40 | 35 | 4.0 | 0.2 | 0 | 0.24 | 0.60 | 19.3 | 浅于标准色 |  |  |
| Y-67 | 80~150 | 100 | 0 | 38.3 | 2740 | 2730 | 0.20 | 0.20 | 1650 | 1770 | 40 | 35 | 0 | 0.1 | 0 |  |  | 48.7 | 浅于标准色 |  |  |

说明：由于采用已筛分骨料，计算结果采用与混凝土级配相同比例进行近似计算，即粒径 5~20mm、20~40mm、40~80mm 按 2∶3∶5 的三级配混凝土比例计算坚固性。

6. 粗骨料级配选择试验

粗骨料级配组合比例选择试验：即对不同级配的粗骨料进行组合试验，测试各种组合下粗骨料的振实密度并计算空隙率，以优选最经济合理的骨料级配比例。各级配粗骨料的组合比例与振实密度试验结果见表 2.11。根据最大密度和最小空隙率优选粗骨料的级配比例，同时兼顾料场实际，尽量少用小石、多用大石，以减少骨料破碎加工量、降低成本。分别选择四级配骨料比例小石∶中石∶大石∶特大石＝20∶20∶30∶30、三级配骨料比例小石∶中石∶大石＝20∶30∶50、二级配骨料比例小石∶中石＝40∶60 为混凝土配合比试验骨料级配。其中二级配各骨料比例的空隙率偏差不超过 1％，影响不大，从料场天然级配考虑选定小石∶中石＝40∶60 级配比例。

表 2.11　各级配粗骨料的组合比例与振实密度试验结果

| 编号 | 粒径范围 (mm) | 骨料混合比例（％） | | | | 密度（kg/m²） | | 空隙率（％） | |
|---|---|---|---|---|---|---|---|---|---|
| | | 小石 | 中石 | 大石 | 特大石 | 堆积 | 振实 | 堆积 | 振实 |
| GJ2-1 | 5～40 | 50 | 50 | | | 1611 | 1823 | 41.1 | 33.3 |
| GJ2-2 | 5～40 | 55 | 45 | | | 1630 | 1825 | 40.4 | 33.3 |
| GJ2-3 | 5～40 | 40 | 60 | | | 1614 | 1812 | 41.0 | 33.8 |
| GJ2-4 | 5～40 | 45 | 55 | | | 1625 | 1834 | 40.6 | 33.0 |
| GJ3-1 | 5～80 | 30 | 35 | 35 | | 1744 | 1924 | 36.2 | 29.6 |
| GJ3-2 | 5～80 | 30 | 30 | 40 | | 1738 | 1920 | 36.4 | 29.8 |
| GJ3-3 | 5～80 | 25 | 25 | 50 | | 1784 | 1964 | 34.7 | 28.1 |
| GJ3-4 | 5～80 | 30 | 40 | 30 | | 1730 | 1920 | 36.7 | 29.8 |
| GJ3-5 | 5～80 | 20 | 30 | 50 | | 1790 | 1970 | 34.5 | 27.9 |
| GJ4-1 | 5～150 | 25 | 25 | 25 | 25 | 1881 | 1998 | 31.2 | 26.9 |
| GJ4-2 | 5～150 | 20 | 30 | 30 | 20 | 1851 | 1965 | 32.3 | 28.1 |
| GJ4-3 | 5～150 | 20 | 30 | 20 | 30 | 1864 | 2013 | 31.8 | 26.4 |
| GJ4-4 | 5～150 | 20 | 30 | 25 | 25 | 1854 | 1982 | 32.2 | 27.5 |
| GJ4-5 | 5～150 | 20 | 20 | 30 | 30 | 1874 | 2046 | 31.4 | 25.1 |
| GJ4-6 | 5～150 | 25 | 25 | 20 | 30 | 1881 | 2028 | 31.2 | 25.8 |

钙膜骨料是指钙膜覆盖面积占骨料表面积 10％～40％ 的骨料。工程前期的钙膜骨料研究结果说明，骨料钙膜含量在 20％ 以内时对混凝土性能无明显影响，钙膜含量在 30％ 以上时对混凝土性能影响逐渐增大。试验骨料按各级配所占比例估算，一、二、三级配各种组合比例钙膜含量均低于 20％，四级配骨料在小石∶中石∶大石∶特大石＝20∶20∶30∶30 时钙膜骨料约占 23％，但对过筛后混凝土性能试验结果影响不明显。

7. 外加剂

试验采用某外加剂厂生产的 NF-2 型缓凝高效减水剂和 PMS-NEA3 型引气剂。其中，NF-2 型缓凝高效减水剂为厂家针对某水泥厂水泥生产的专用产品，适应性较好；PMS-NEA3 型引气剂为某工程现场使用的大货产品。

外加剂匀质性试验按《混凝土外加剂匀质性试验方法》（GB/T 8077—2000）进行，外加剂匀质性试验结果见表 2.12。

表 2.12　外加剂匀质性检验结果

| 外加剂品种 | 外观 | 固体含量（%） | pH 值 | 不溶物（%） | 细度（%） | 硫酸钠含量（%） | 氯离子含量（%） | 碱含量（%） | 密度（g/mL） |
|---|---|---|---|---|---|---|---|---|---|
| 减水剂 NF-2 | 粉状棕色 | 90.50 | 7.82 | 0.02 | 22.4 | 14.91 | 0.052 | 9.33 | 1.090 |
| 引气剂 PMS-NEA3 | 膏状褐色 | 57.72 | 8.74 | — | — | — | — | 3.09 | 0.9996 |

注：减水剂密度按 20% 浓度测试。

2009 年 10 月，某公司提供了 FDN 型缓凝高效减水剂和 AER 型引气剂样品供对比试验，补充安排了掺外加剂混凝土性能试验，试验结果分别如下。

根据试验资料，某地 P·O 42.5 水泥与萘系减水剂适应性较差，掺减水剂水泥净浆有较严重的板结现象。本次试验特别安排了几组外加剂适应性试验，外加剂水泥净浆适应性试验按照《混凝土外加剂应用技术规范》（GB 50119—2003）执行，水泥采用 P·Ⅰ 42.5 水泥，水胶比主要采用 0.35，外加剂水泥净浆适应性试验结果见表 2.13，外加剂适应性曲线如图 2.5～图 2.9 所示。试验结果表明，针对水泥的专用产品 NF-2 减水剂与 P·Ⅰ 42.5 水泥适应性较好；补充的掺 FDN 型减水剂水泥净浆也未出现板结现象，但流动度损失较大；两种减水剂掺粉煤灰后流动性损失均有缩减；效果较佳的外加剂掺量范围为 0.7%～1.2%。

表 2.13　掺外加剂混凝土性能试验结果

| 试验编号 | 外加剂品种 | 掺量（%） | 水泥（kg/m³） | 砂率（%） | 含气率（%） | 减水率（%） | 泌水率（%）/泌水率比（%） | 凝结时间（h:min）/时间差（h:min） | | 抗压强度（MPa）/强度比（%） | | |
|---|---|---|---|---|---|---|---|---|---|---|---|---|
| | | | | | | | | 初凝 | 终凝 | 3d | 7d | 28d |
| SW0-7 | — | — | 360 | 44 | 1.0 | | 5.3/100 | 6:34 | 9:25 | 16.5 | 23.4 | 32.7 |
| SW4-1 | NF-2 | 0.7 | 360 | 44 | 2.0 | 15.1 | 5.3/100 | 8:38/124 | 12:24/179 | 25.9/157 | 33.4/143 | 44.7/137 |
| SW5-1 | FDN | 0.7 | 360 | 44 | 2.2 | 15.7 | 2.9/55 | 10:40/246 | 13:45/260 | 25.8/156 | 35.6/152 | 45.7/140 |

续表

| 试验编号 | 外加剂品种 | 掺量(%) | 水泥(kg/m³) | 砂率(%) | 含气率(%) | 减水率(%) | 泌水率(%)/泌水率比(%) | 凝结时间(h:min)/时间差(h:min) | | 抗压强度(MPa)/强度比(%) | | |
|---|---|---|---|---|---|---|---|---|---|---|---|---|
| | | | | | | | | 初凝 | 终凝 | 3d | 7d | 28d |
| GB 8076—2008 缓凝高效减水剂 | | ≤4.5 | ≥100 | | | | ≤100 | >90 | — | — | ≥125 | ≥120 |
| SW7-1 | PMS-NEA₃ | 0.005 | 360 | 41 | 4.0 | 7.0 | 3.0/57 | 6:35/1 | 9:40/15 | 15.9/96 | 22.8/97 | 31.9/98 |
| SW8-1 | AER | 0.005 | 360 | 41 | 4.6 | 7.0 | 3.1/58 | 6:22/−2 | 9:20/−5 | 15.7/95 | 24.6/105 | 32.4/99 |
| GB 8076—2008 引气剂 | | ≥3.0 | ≥6 | | | | ≤70 | −90~+90 | | ≥95 | ≥95 | ≥90 |

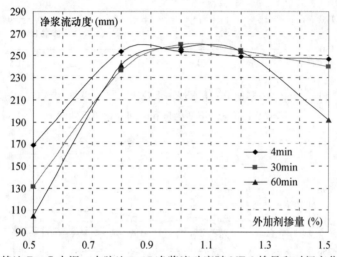

图 2.5　某地 P·Ⅰ 水泥、水胶比 0.35 净浆流动度随 NF-2 掺量和时间变化关系曲线

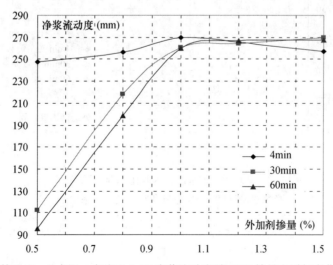

图 2.6　某地 P·Ⅰ 水泥、水胶比 0.35 净浆流动度随 FDN 掺量和时间变化关系曲线

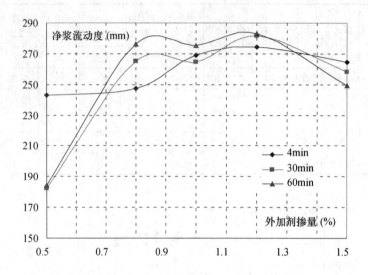

图 2.7　某地 P·Ⅰ水泥、水胶比 0.35、煤灰 30%
净浆流动度随 NF-2 掺量和时间变化关系曲线

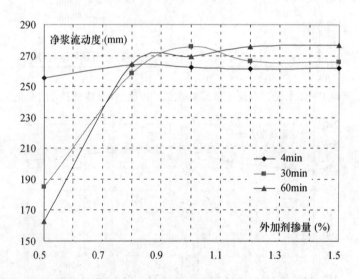

图 2.8　某地 P·Ⅰ水泥、水胶比 0.35、煤灰 30%
净浆流动度随 FDN 掺量和时间变化关系曲线

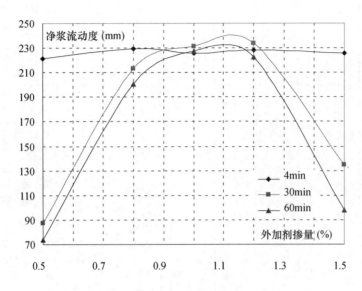

图 2.9　某地 P·Ⅰ水泥、水胶比 0.27、煤灰 25%
净浆流动度随 NF-2 掺量和时间变化关系曲线

　　考虑山口大坝主体工期在 2010 年后，外加剂检验执行《混凝土外加剂》
(GB 8076—2008)。掺外加剂混凝土性能试验采用某水泥厂 P·Ⅰ42.5 型硅酸盐
水泥，山口 C1 料场加工生产的 5～20mm 小碎石，山口天然砂与 C1 料场破碎人
工砂的混合砂，细度模数 2.65，某项目部生活用水。需要说明的是，掺外加剂
混凝土性能试验中，按缓凝高效减水剂控制参数 330kg 水泥、砂率 40%拌和时，
混凝土出机后外观松散黏性差，砂浆填充不充分，测试坍落度不准确。而根据粒
径 5～20mm 的小碎石检测结果，堆积空隙率 43%，振实空隙率 36%，空隙部分
需由体积砂浆填充；根据外加剂检验相关要求，应保证拌制混凝土的和易性和测
试坍落度的准确，因此，参考高性能混凝土外加剂检测参数采用 360kg 水泥、砂
率 44%的测试参数进行拌和，混凝土出机黏聚性较好，测试坍落度塌陷方式正
常，测值稳定准确。掺外加剂混凝土性能试验结果见表 2.14，外加剂掺量与混
凝土性能关系试验结果见表 2.15，减水剂掺量与减水率关系曲线如图 2.10 所示，
引气剂掺量与含气率关系曲线如图 2.11 所示。

　　根据上述试验结果，两种减水剂的减水率和两种引气剂的引气率均相近，各
项指标均满足《混凝土外加剂》(GB 8076—2008) 中该类产品要求，与水泥和粉
煤灰适应性均满足使用要求。

表 2.14 水泥与外加剂适应性试验结果

| 水泥品种 | 外加剂品种 | 水泥用量 (g) | 粉煤灰用量 (g) | 水胶比 | 4min 胶凝材料料净浆流动度 (mm) 外加剂掺量 (%) | | | | | 30min 胶凝材料料净浆流动度 (mm) 外加剂掺量 (%) | | | | | 60min 胶凝材料料净浆流动度 (mm) 外加剂掺量 (%) | | | | |
|---|---|---|---|---|---|---|---|---|---|---|---|---|---|---|---|---|---|---|---|
| | | | | | 0.5 | 0.8 | 1.0 | 1.2 | 1.5 | 0.5 | 0.8 | 1.0 | 1.2 | 1.5 | 0.5 | 0.8 | 1.0 | 1.2 | 1.5 |
| 布特 P·I 42.5 | NF-2 | 600 | — | 0.35 | 168.5 | 254.0 | 253.5 | 249.0 | 246.5 | 131.0 | 236.5 | 260.0 | 254.5 | 239.5 | 104.5 | 241.0 | 257.5 | 253.5 | 191.5 |
| | NF-2 | 420 | 180 | 0.35 | 243.0 | 247.5 | 269.0 | 270.0 | 264.5 | 182.5 | 265.0 | 264.5 | 281.5 | 258.0 | 184.5 | 271.5 | 275.5 | 283.0 | 249.5 |
| | NF-2 | 450 | 150 | 0.27 | 221.5 | 229.5 | 225.5 | 228.5 | 226.0 | 87.5 | 213.5 | 231.5 | 233.5 | 134.5 | 73.5 | 201.0 | 227.5 | 222.5 | 98.0 |
| | FDN | 600 | — | 0.35 | 247.5 | 256.5 | 269.5 | 265.5 | 257.5 | 112.5 | 218.0 | 260.5 | 264.5 | 270.0 | 95.5 | 199.0 | 260.0 | 267.0 | 268.0 |
| | FDN | 420 | 180 | 0.35 | 255.5 | 264.0 | 262.5 | 261.5 | 262.0 | 185.0 | 258.5 | 275.5 | 266.5 | 266.0 | 163.0 | 264.5 | 269.5 | 275.5 | 276.5 |

表 2.15 外加剂掺量与混凝土性能关系试验结果

| 试件编号 | 外加剂品种 | 外加剂掺量 (%) | 用水量 (kg/m³) | 水泥 (kg/m³) | 砂率 (%) | 坍落度 (cm) 出机 | 坍落度 (cm) 30min | 含气率 (%) 出机 | 含气率 (%) 30min | 减水率 (%) | 泌水率 (%)/泌水率比 (%) | 凝结时间 (h:min) 初凝 | 凝结时间 (h:min) 终凝 | 抗压强度 (MPa) 3d | 抗压强度 (MPa) 7d | 抗压强度 (MPa) 28d | 抗压强度比 (%) 3d | 抗压强度比 (%) 7d | 抗压强度比 (%) 28d |
|---|---|---|---|---|---|---|---|---|---|---|---|---|---|---|---|---|---|---|---|
| SW0-6 | — | — | 187 | 360 | 44 | 8.8 | — | 1.0 | — | 0.0 | 5.5 | 5:18 | 8:22 | 19.8 | 27.2 | 35.8 | 100 | 100 | 100 |
| SW2-1 | NF-2 | 0.7 | 160 | 360 | 44 | 8.4 | 4.0 | 2.1 | 2.0 | 14.4 | 1.9/35 | 7:05 | 9:38 | 26.6 | 35.2 | 44.2 | 134 | 129 | 123 |
| SW2-2 | NF-2 | 0.8 | 157 | 360 | 44 | 8.9 | 4.2 | 2.2 | 2.2 | 16.0 | 0.0/0 | 8:30 | 10:38 | 30.1 | 39.7 | 45.9 | 152 | 146 | 128 |
| SW2-3 | NF-2 | 0.9 | 154 | 360 | 44 | 8.3 | 4.7 | 2.3 | 2.4 | 17.6 | 0.0/0 | 8:50 | 11:28 | 32.8 | 38.6 | 50.5 | 166 | 142 | 141 |
| SW3-1 | PMS-NEA$_3$ | 0.005 | 175 | 360 | 41 | 8.5 | 5.0 | 4.0 | 3.3 | 7.5 | 3.6/65 | 5:25 | 8:45 | 18.8 | 26.8 | 34.2 | 95 | 99 | 96 |

续表

| 试件编号 | 外加剂 | | 用水量 (kg/m³) | 水泥 (kg/m³) | 砂率 (%) | 坍落度 (cm) | | 含气率 (%) | | 减水率 (%) | 泌水率 (%) / 泌水率比 (%) | 凝结时间 (h: min) | | 抗压强度 (MPa) | | | 抗压强度比 (%) | | |
| --- | --- | --- | --- | --- | --- | --- | --- | --- | --- | --- | --- | --- | --- | --- | --- | --- | --- | --- | --- |
| | 品种 | 掺量 (%) | | | | 出机 | 30min | 出机 | 30min | | | 初凝 | 终凝 | 3d | 7d | 28d | 3d | 7d | 28d |
| SW3-2 | PMS-NEA₃ | 0.006 | 173 | 360 | 41 | 8.6 | 5.3 | 4.5 | 3.5 | 7.5 | 2.0/36 | 5: 46 | 8: 50 | 17.6 | 25.4 | 33.1 | 89 | 93 | 92 |
| SW3-3 | PMS-NEA₃ | 0.007 | 171 | 360 | 41 | 8.8 | 6.0 | 4.7 | 3.4 | 8.6 | — | 6: 07 | 8: 37 | 16.5 | 23.5 | 32.6 | 83 | 86 | 91 |
| SW3-4 | PMS-NEA₃ | 0.010 | 165 | 360 | 41 | 8.6 | 5.8 | 6.4 | 4.2 | 11.8 | — | 5: 47 | 8: 10 | 16.9 | 22.5 | 30.5 | 85 | 83 | 85 |
| SW3-5 | PMS-NEA₃ | 0.015 | 164 | 360 | 41 | 8.5 | 5.0 | 8.6 | 5.5 | 12.2 | — | — | — | 14.7 | 20.0 | 28.9 | 74 | 74 | 81 |
| SW3-6 | PMS-NEA₃ | 0.020 | 163 | 360 | 41 | 8.6 | 4.0 | 9.5 | 6.2 | 12.8 | — | — | — | 14.5 | 20.3 | 26.7 | 73 | 75 | 75 |

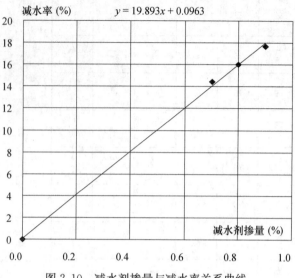

图 2.10　减水剂掺量与减水率关系曲线

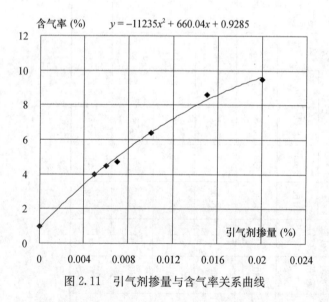

图 2.11　引气剂掺量与含气率关系曲线

## 2.2.2　混凝土配制强度的确定

为使施工混凝土强度符合设计要求，在混凝土配合比设计时，应使混凝土配制强度有一定的富裕度。根据现行《水工混凝土施工规范》（DL/T 5144—2001）中"配合比选定"的有关要求，混凝土配制强度按下式计算：

$$f_{cu,0} = f_{cu,k} + t\sigma$$

式中　$f_{cu,0}$——混凝土的配制强度，MPa；

$f_{cu,k}$——混凝土设计龄期的强度标准值，MPa；

$t$——概率度系数，依据保证率 $P$ 选定；

$\sigma$——混凝土强度标准差，MPa。

通过计算，各部位混凝土配制强度见表 2.16。

表 2.16　山口大坝各部位混凝土配制强度及设计要求

| 分区编号 | A（Ⅰ-1） | A（Ⅰ-2） | A（Ⅱ） | A（Ⅲ） | A（Ⅳ） | A（Ⅴ） | A（Ⅵ） | A（Ⅶ） |
|---|---|---|---|---|---|---|---|---|
| 部位 | 高程 558 ～567m 坝体 混凝土 | 高程 620 ～647m 坝体 混凝土 | 高程 567 ～620m 坝体 混凝土 | 基础垫层 混凝土 | 坝顶常态 混凝土 | 溢流面 表层高性 能混凝土 | 表孔、底 孔闸墩及其 倒悬部位 混凝土 | 消能塘、 护坦底 板、边墙 |
| 混凝土级配 | 四 | 四 | 四 | 三 | 三 | 三 | 三 | 三 |
| 设计强度等级 | $C_{90}25W10$ F300 | $C_{90}25W8$ F300 | $C_{90}30W10$ F300 | $C_{28}25W10$ F200 | $C_{180}25W6$ F200 | $C_{28}40W6$ F300 | $C_{90}25W6$ F200 | $C_{28}25W6$ F200 |
| 强度保证率 | 80% | 80% | 80% | 95% | 95% | 95% | 95% | 95% |
| 概率度系数 $t$ | 0.84 | 0.84 | 0.84 | 1.645 | 1.645 | 1.645 | 1.645 | 1.645 |
| 标准差 $\sigma$ | 4.0 | 4.0 | 4.5 | 4.0 | 4.0 | 5.0 | 4.0 | 4.0 |
| 配制强度(MPa) | 28.4 | 28.4 | 33.8 | 31.6 | 31.6 | 48.2 | 31.6 | 31.6 |
| 极限抗压(MPa) | 30 | 30 | 30 | 25 | 25 | 40 | 25 | 25 |
| 抗拉强度(MPa) | 1.7 | 1.7 | 2.0 | 1.7 | 1.7 | 2.2 | 1.7 | 1.7 |
| 抗压弹膜(GPa) | 30 | 30 | 30 | 28 | 28 | 32.5 | 28 | 28 |
| 混凝土含气率(%) | 5 | 5 | 5 | 4.5 | 4.5 | 5 | 4.5 | 4.5 |
| 密度(kg/m³) | ≥2400 | ≥2400 | ≥2400 | ≥2400 | ≥2400 | ≥2400 | ≥2400 | ≥2400 |
| 极限拉伸值 (×10⁻⁴) | >0.85 | >0.85 | >0.85 | >0.80 | >0.80 | >0.85 | >0.85 | >0.85 |

## 2.2.3　配合比设计试验原则

本次配合比设计试验按照《水工混凝土试验规程》（SL 352—2006）中体积法计算，即混凝土的体积等于水泥、粉煤灰、水以及砂子、石子的的绝对体积加上混凝土中所含空气体积之和。其计算公式如下：

$$\frac{C}{\rho_c}+\frac{F}{\rho_f}+\frac{W}{\rho_w}+\frac{S}{\rho_s}+\frac{G}{\rho_g}+\alpha=1.0$$

式中　$C$、$F$、$W$、$S$、$G$——水泥、粉煤灰、水、砂及石子的用量，kg/m³；

$\rho_c$、$\rho_f$、$\rho_w$、$\rho_s$、$\rho_g$——水泥、粉煤灰、水、砂、石子的相对密度，kg/m³；

$\alpha$——混凝土拌合物中含气率的百分数。

根据选定的参数以及拌和调试出的参数，即可求解出 1m³ 混凝土中各种材料用量。本次配合比试验采用的主要参数见表 2.17。

**表 2.17　混凝土配合比调试试验参数**

| 试验参数 | 三级配 | 四级配 |
|---|---|---|
| 水胶比 | 0.38、0.43、0.48 | 0.38、0.43 |
| 粉煤灰掺量（%） | 35、45、55 | 45 |
| 单位用水量（kg/m³） | 92 | 82 |
| 体积砂率（%） | 28～29 | 25～26 |
| 骨料级配<br>（小石：中石：大石：特大石） | 20：30：50 | 20：20：30：30 |
| 理论计算含气率（%） | 3～4 | 2.5～3 |

说明：骨料均以饱和面干为计算基准。

根据大坝混凝土耐久性要求和混凝土高性能化目标，配合比试验严格控制混凝土拌合物的含气率。按混凝土拌合物出机约 30min，含气率测值在控制范围内、坍落度基本符合要求时成型各类试件。

## 2.2.4　三级配混凝土比例参数交差试验

根据专家咨询会意见和试验计划，混凝土比例参数交差试验采用三级配进行试验，水胶比选择 0.38、0.43、0.48 三组，粉煤灰掺量选择 35%、45%、55% 三组。混凝土拌合物出机后约 30min 按坍落度 30～60mm、含气率 4.5%～5.5% 控制，骨料比例为 20：30：50。

试验原材料：某水泥厂 P·Ⅰ 42.5 型硅酸盐水泥；山口 C1 料场骨料，5～20mm 小碎石，20～40mm 混合石，40～80mm 天然卵石；C1 料场天然砂 40% 与人工砂 60% 的混合砂，细度模数 2.65；某外加剂厂生产的 NF-2 型缓凝高效减水剂和 PMS-NEA3 型引气剂，某项目部生活用水。具体试验参数见表 2.18，试验结果见表 2.19～表 2.21。三级配混凝土水胶比与抗压强度关系曲线如图 2.12 所示，三级配混凝土粉煤灰掺量与抗压强度关系曲线如图 2.13 所示。

拌合物试验结果表明：出机 30min 时，拌合物坍落度基本满足 30～60mm 控制要求，含气率满足 4.5%～5.5% 控制范围，表观密度为 2440～2480kg/m³，所测结果符合配合比设计控制目标。

表 2.19 表明，凝结时间随粉煤灰掺量、出机坍落度和含气率情况有一定变化，但均大于 14h，应满足现场施工要求。同时表明，水胶比 0.38 与 0.43 时，混凝土 28d 和 90d 抗压强度变化不大，0.48 水胶比的混凝土 28d 和 90d 抗压强度下降明显；水胶比越小，混凝土强度发展越快，后期强度增长幅度越小。如水胶比在 0.38～0.48 范围内，以 28d 抗压强度为基准时：

表 2.18　大坝混凝土三级配水胶比、胶材组合交差关系试验参数

| | | 配合比参数 | | | | | | 材料用量（kg/m³） | | | | | | 天然砂 40% | 人工砂 60% | 粗骨料 小石 | 粗骨料 中石 | 粗骨料 大石 | 减水剂 | 引气剂 |
|---|---|---|---|---|---|---|---|---|---|---|---|---|---|---|---|---|---|---|---|---|
| 试件编号 | 级配 | 水胶比 | 粉煤灰（%） | 砂率（%） | 减水剂（%） | 引气剂（%） | 坍落度（cm） | 含气率（%） | 用水量 | 总胶材 | 水泥 | 粉煤灰 | 砂 | | | | | | | |
| SQ12-1 | 三 | 0.38 | 35 | 28 | 0.70 | 0.018 | 3~6 | 4.5~5.5 | 92 | 242 | 157 | 85 | 591 | 236 | 355 | 310 | 466 | 776 | 1.695 | 0.044 |
| SQ11-1 | 三 | 0.38 | 45 | 28 | 0.70 | 0.020 | 3~6 | 4.5~5.5 | 92 | 242 | 133 | 109 | 589 | 236 | 353 | 309 | 464 | 773 | 1.695 | 0.048 |
| SQ10-1 | 三 | 0.38 | 55 | 28 | 0.65 | 0.030 | 3~6 | 4.5~5.5 | 92 | 242 | 109 | 133 | 587 | 235 | 352 | 308 | 462 | 770 | 1.574 | 0.073 |
| SQ2-1 | 三 | 0.43 | 35 | 29 | 0.70 | 0.018 | 3~6 | 4.5~5.5 | 92 | 214 | 139 | 75 | 620 | 248 | 372 | 310 | 465 | 775 | 1.498 | 0.039 |
| SQ1-4 | 三 | 0.43 | 45 | 29 | 0.70 | 0.020 | 3~6 | 4.5~5.5 | 92 | 214 | 118 | 96 | 618 | 247 | 371 | 309 | 464 | 773 | 1.498 | 0.043 |
| SQ3-2 | 三 | 0.43 | 55 | 29 | 0.65 | 0.030 | 3~6 | 4.5~5.5 | 92 | 214 | 96 | 118 | 616 | 246 | 370 | 308 | 462 | 770 | 1.391 | 0.064 |
| SQ5-2 | 三 | 0.48 | 35 | 29 | 0.70 | 0.018 | 3~6 | 4.5~5.5 | 92 | 192 | 125 | 67 | 627 | 251 | 376 | 313 | 470 | 783 | 1.342 | 0.035 |
| SQ8-1 | 三 | 0.48 | 45 | 29 | 0.70 | 0.020 | 3~6 | 4.5~5.5 | 92 | 192 | 105 | 86 | 625 | 250 | 375 | 312 | 468 | 781 | 1.342 | 0.038 |
| SQ9-1 | 三 | 0.48 | 55 | 29 | 0.65 | 0.030 | 3~6 | 4.5~5.5 | 92 | 192 | 87 | 105 | 623 | 249 | 374 | 311 | 467 | 778 | 1.246 | 0.058 |

表 2.19 大坝混凝土三级配水胶比、胶材组合交差关系试验拌合物性能与抗压强度试验结果

| 试验编号 | 水胶比 | 粉煤灰掺量(%) | 坍落度(cm) | | | | 含气量(%) | | | | 推算相对密度(kg/m³) | | | | 凝结时间(h:min) | | 抗压强度(MPa) | | | | |
|---|---|---|---|---|---|---|---|---|---|---|---|---|---|---|---|---|---|---|---|---|---|
| | | | 出机 | 15min | 30min | 1h | 出机 | 15min | 30min | 1h | 出机 | 15min | 30min | 1h | 初凝 | 终凝 | 3d | 7d | 28d | 90d | 180d |
| SQ12-1 | 0.38 | 35 | 8.0 | 6.5 | 4.5 | — | 7.8 | 6.2 | 5.0 | — | 2435 | 2472 | 2489 | — | 14: 00 | 18: 06 | 18.5 | 23.2 | 33.5 | 43.2 | 45.6 |
| SQ11-1 | 0.38 | 45 | 11.6 | 9.8 | 6.1 | — | 7.5 | 6.2 | 5.1 | — | 2445 | 2456 | 2482 | — | 23: 23 | 27: 45 | 14.8 | 22.2 | 30.3 | 41.3 | 44.8 |
| SQ10-1 | 0.38 | 55 | 15.7 | 10.7 | 8.8 | 6.0 | 9.0 | 6.8 | 6.0 | 5.0 | 2411 | 2447 | 2474 | 2483 | 26: 30 | 31: 30 | 11.4 | 16.3 | 29.3 | 39.2 | 43.1 |
| SQ2-1 | 0.43 | 35 | 11.5 | 8.1 | 4.3 | — | 8.4 | 6.2 | 4.9 | — | 2396 | 2439 | 2468 | — | 15: 22 | 21: 04 | 12.8 | 20.0 | 31.7 | 42.5 | 45.1 |
| SQ1-4 | 0.43 | 45 | 13.4 | 7.4 | 5.5 | — | 8.4 | 6.4 | 4.8 | — | 2407 | 2453 | 2483 | — | 18: 20 | 22: 50 | 12.0 | 18.1 | 30.2 | 40.4 | 44.0 |
| SQ3-2 | 0.43 | 55 | 13.3 | 10.7 | 8.1 | — | 8.5 | 7.4 | 5.9 | — | 2384 | 2411 | 2439 | — | 23: 41 | 28: 55 | 9.3 | 13.6 | 23.7 | 36.4 | 41.2 |
| SQ5-2 | 0.48 | 35 | 10.2 | 8.0 | 4.0 | — | 9.1 | 7.6 | 6.4 | — | 2406 | 2438 | 2463 | — | 17: 17 | 21: 25 | 11.1 | 16.7 | 24.8 | 36.3 | 40.9 |
| SQ8-1 | 0.48 | 45 | 16.1 | 9.5 | 7.2 | — | 10.0 | 7.0 | 5.4 | — | 2395 | 2443 | 2481 | — | 21: 25 | 26: 40 | 9.3 | 14.3 | 22.8 | 35.7 | 40.2 |
| SQ9-1 | 0.48 | 55 | 17.0 | 15.6 | 12.5 | 6.8 | 10.9 | 8.7 | 7.2 | 5.2 | 2372 | 2415 | 2444 | 2468 | 18: 50 | 24: 03 | 7.9 | 12.1 | 20.6 | 35.3 | 39.3 |

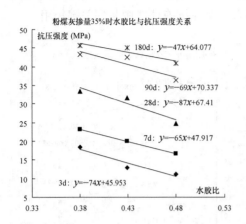

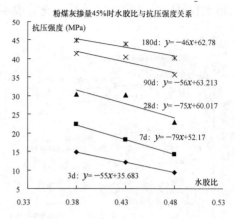

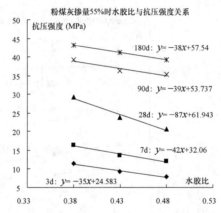

图 2.12　三级配混凝土水胶比与抗压强度关系曲线

掺 35％粉煤灰的 3d 抗压强度发展系数平均为 0.47，7d 平均为 0.67，90d 平均为 1.36，180d 平均为 1.46；

掺 45％粉煤灰的 3d 抗压强度发展系数平均为 0.43，7d 平均为 0.65，90d 平均为 1.42，180d 平均为 1.54；

掺 55％粉煤灰的 3d 抗压强度发展系数平均 0.39，7d 平均为 0.57，90d 平均为 1.53，180d 平均为 1.70。

从表 2.20 试验结果看，各组试验参数 90d 劈拉强度和轴心抗拉强度均大于 2.0MPa，弹模适中，90d 极限拉伸值均在 $85 \times 10^{-4}$ 以上，均可满足设计指标。

从表 2.21 试验结果看，各组试验参数的 28d、90d、180d 龄期抗渗性能均满足 W10 要求，粉煤灰掺量 35％和 45％时渗水高度较小，而粉煤灰掺量 55％时渗水高度较大。各组试验参数抗冻结果均达到 F400 级要求，说明水胶比 0.38～0.48、粉煤灰掺 35%～45%、含气率 4.5%～5.5%时，可以满足耐久性和强度要求。这与其他工程研究结果有一定差异，充分说明含气率在抗冻性能中起到关键作用。

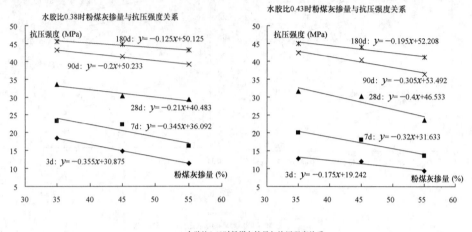

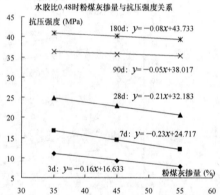

图 2.13　三级配混凝土粉煤灰掺量与抗压强度关系曲线

## 2.2.5　三级配混凝土配合比试验

《水工混凝土施工规范》（DL/T 5144—2001）规定，严寒地区坝体外部水位变化区最大水胶比为 0.45，严寒地区坝体外部其他高程部位最大水胶比为 0.50，有环境水侵蚀时水胶比应减小 0.05；《水工混凝土掺用粉煤灰技术规范》（DL/T 5055—2007）规定，严寒地区采用硅酸盐水泥，外部混凝土粉煤灰最大掺量为 45%。根据设计和规范要求结合三级配水胶比、胶材组合交差关系试验结果，初步选定三级配混凝土配合比见表 2.22，试验结果见表 2.23～表 2.25。试验结果表明，三级配合比的各项指标均满足设计要求。

表 2.20　大坝混凝土三级配水胶比、胶材组合交差关系试验力学性能与变形性能试验结果

| 试验编号 | 水胶比 | 粉煤灰掺量(%) | 劈拉强度(MPa) | | | | 轴心抗压强度(MPa) | | | 抗压弹模(GPa) | | | 轴心抗拉强度(MPa) | | | 轴心抗拉弹模(GPa) | | | 极拉(10⁻⁶) | | |
|---|---|---|---|---|---|---|---|---|---|---|---|---|---|---|---|---|---|---|---|---|---|
| | | | 7d | 28d | 90d | 180d | 28d | 90d | 180d | 28d | 90d | 180d | 28d | 90d | 180d | 28d | 90d | 180d | 28d | 90d | 180d |
| SQ12-1 | 0.38 | 35 | 1.59 | 1.99 | 2.69 | 3.13 | 27.9 | 37.0 | 42.3 | 26.9 | 30.1 | 30.6 | 2.20 | 3.40 | 3.55 | 29.6 | 36.1 | 36.9 | 81.9 | 105.4 | 114.0 |
| SQ11-1 | 0.38 | 45 | 1.58 | 2.44 | 2.53 | 2.92 | 25.0 | 36.2 | 37.9 | 25.6 | 30.3 | 32.0 | 1.56 | 3.23 | 3.32 | 27.0 | 36.0 | 36.3 | 72.7 | 97.0 | 103.5 |
| SQ10-1 | 0.38 | 55 | 1.06 | 2.56 | 3.01 | 3.20 | 21.5 | 31.2 | 35.1 | 24.1 | 31.0 | 32.2 | 2.19 | 2.97 | 3.08 | 29.5 | 34.8 | 35.8 | 81.4 | 93.3 | 101.9 |
| SQ2-1 | 0.43 | 35 | 1.11 | 2.14 | 2.77 | 3.07 | 24.0 | 33.7 | 35.9 | 23.7 | 30.4 | 30.4 | 2.15 | 2.43 | 3.34 | 27.2 | 31.8 | 31.8 | 85.3 | 90.7 | 112.5 |
| SQ1-4 | 0.43 | 45 | 1.18 | 2.04 | 2.68 | 3.26 | 23.7 | 32.0 | 36.9 | 24.3 | 31.2 | 34.7 | 1.74 | 3.13 | 3.83 | 27.0 | 35.6 | 35.6 | 77.4 | 95.8 | 114.4 |
| SQ3-2 | 0.43 | 55 | 0.85 | 1.35 | 2.21 | 2.42 | 16.4 | 26.5 | 32.9 | 19.5 | 27.1 | 30.5 | 1.66 | 2.56 | 3.12 | 24.3 | 30.4 | 30.1 | 78.9 | 92.6 | 114.7 |
| SQ5-2 | 0.48 | 35 | 1.13 | 1.69 | 2.54 | 2.72 | 23.3 | 33.0 | 34.5 | 21.8 | 30.8 | 32.1 | 2.17 | 3.04 | 3.04 | 29.4 | 34.9 | 35.4 | 84.8 | 95.0 | 103.9 |
| SQ8-1 | 0.48 | 45 | 1.07 | 1.78 | 2.35 | 2.50 | 20.8 | 29.8 | 33.1 | 22.7 | 30.9 | 31.3 | 1.94 | 2.60 | 2.80 | 26.4 | 32.8 | 33.2 | 80.1 | 88.4 | 90.4 |
| SQ9-1 | 0.48 | 55 | 0.94 | 1.76 | 2.29 | 2.77 | 13.7 | 24.6 | 26.1 | 15.9 | 27.2 | 30.2 | 1.30 | 2.81 | 2.95 | 22.7 | 31.1 | 31.5 | 64.3 | 99.4 | 101.4 |

表 2.21　大坝混凝土三级配水胶比、胶材组合交差关系试验耐久性能试验结果

| 试件编号 | 水胶比 | 煤灰掺量(%) | 抗渗 | | | | | | 28d 抗冻试验（SQ12-1、SQ1-4 为 90d） | | | | | | | | | | | | | | | | 等级 |
|---|---|---|---|---|---|---|---|---|---|---|---|---|---|---|---|---|---|---|---|---|---|---|---|---|---|
| | | | 等级 | | | 渗水高度(cm) | | | 动弹模量损失(%) | | | | | | | | 质量损失(%) | | | | | | | | |
| | | | 28d | 90d | 180d | 28d | 90d | 180d | 50 | 100 | 150 | 200 | 250 | 300 | 350 | 400 | 50 | 100 | 150 | 200 | 250 | 300 | 350 | 400 | |
| SQ12-1 | 0.38 | 35 | >W10 | >W10 | >W10 | 1.2 | 0.5 | 0.5 | 97.2 | 96.9 | 94.9 | 92.9 | 90.7 | 89.0 | 87.5 | 85.3 | 0 | 0 | 0 | 0 | 0.1 | 0.2 | 0.4 | 0.5 | >F400 |
| SQ11-1 | 0.38 | 45 | >W10 | >W10 | >W10 | 2.5 | 1.8 | 1.5 | 98.4 | 97.5 | 96.4 | 95.5 | 94.5 | 93.7 | 92.9 | 91.8 | 0.0 | 0.0 | 0 | 0.1 | 0.1 | 0.2 | 0.4 | 0.6 | >F400 |
| SQ10-1 | 0.38 | 55 | >W10 | >W10 | >W10 | 4.2 | 2.2 | 2.0 | 99.3 | 98.3 | 97.8 | 97.3 | 96.7 | 95.9 | 94.9 | 93.7 | 0.0 | 0.0 | 0.0 | 0.0 | 0.0 | 0.4 | 0.8 | 1.1 | >F400 |
| SQ2-1 | 0.43 | 35 | >W10 | >W10 | >W10 | 2.8 | 2.4 | 0.7 | 97.4 | 97.0 | 96.5 | 95.9 | 95.3 | 94.4 | 93.5 | 92.6 | 0.0 | 0.0 | 0.2 | 0.3 | 0.4 | 0.4 | 0.6 | 0.7 | >F400 |
| SQ1-4 | 0.43 | 45 | >W10 | >W10 | >W10 | 2.4 | 1.8 | 0.5 | 97.7 | 95.8 | 93.6 | 91.9 | 90.0 | 88.1 | 86.3 | 84.7 | 0.1 | 0.4 | 0.8 | 1.0 | 1.2 | 1.4 | 1.6 | 1.8 | >F400 |
| SQ3-2 | 0.43 | 55 | >W10 | >W10 | >W10 | 6.4 | 4.2 | 3.6 | 98.8 | 98.1 | 97.2 | 96.5 | 95.4 | 94.5 | 93.6 | 92.3 | 0.1 | 0.4 | 0.9 | 1.1 | 1.4 | 1.7 | 2.1 | 2.7 | >F400 |

续表

| 试件编号 | 煤灰掺量(%) | 水胶比 | 抗渗 等级 28d | 90d | 180d | 渗水高度(cm) 28d | 90d | 180d | 28d抗冻试验(SQ12-1、SQ1-4为90d) 质量损失(%) 50 | 100 | 150 | 200 | 250 | 300 | 350 | 400 | 动弹模量损失(%) 50 | 100 | 150 | 200 | 250 | 300 | 350 | 400 | 等级 |
|---|---|---|---|---|---|---|---|---|---|---|---|---|---|---|---|---|---|---|---|---|---|---|---|---|---|
| SQ5-2 | 35 | 0.48 | >W10 | >W10 | >W10 | 3.2 | 2.8 | 2.2 | 0.0 | 0.0 | 0.4 | 0.5 | 0.6 | 0.6 | 0.7 | 0.8 | 99.8 | 99.2 | 98.1 | 97.7 | 96.6 | 95.9 | 95.1 | 94.2 | >F400 |
| SQ8-1 | 45 | 0.48 | >W10 | >W10 | >W10 | 3.6 | 2.5 | 2.5 | 0.0 | 0.0 | 0.2 | 0.5 | 0.8 | 1.1 | 1.5 | 2.0 | 98.3 | 97.2 | 96.6 | 96.1 | 95.5 | 94.8 | 93.5 | 92.4 | >F400 |
| SQ9-1 | 55 | 0.48 | >W10 | >W10 | >W10 | 7.8 | 6.4 | 6.0 | 0.0 | 0.3 | 0.6 | 0.9 | 1.2 | 1.7 | 2.1 | 2.6 | 99.1 | 98.6 | 98.1 | 97.4 | 96.8 | 96.1 | 95.1 | 94.6 | >F400 |

表2.22 大坝三级配混凝土配合比试验参数

| 试件编号 | 强度等级 | 级配 | 水胶比 | 粉煤灰(%) | 砂率(%) | 减水剂(%) | 引气剂(%) | 坍落度(cm) | 含气率(%) | 材料用量(kg/m³) 用水量 | 总胶材 | 水泥 | 粉煤灰 | 砂 | 天然砂 40% | 人工砂 60% | 小石 | 中石 | 大石 | 减水剂 | 引气剂 |
|---|---|---|---|---|---|---|---|---|---|---|---|---|---|---|---|---|---|---|---|---|---|
| SQ2-1 | $C_{28}$25W10F200 | 三 | 0.43 | 35 | 29 | 0.70 | 0.018 | 3~6 | 4~5 | 92 | 214 | 139 | 75 | 620 | 248 | 372 | 310 | 465 | 775 | 1.498 | 0.039 |
| SQ1-4 | $C_{90}$25W6F200 | 三 | 0.43 | 45 | 29 | 0.70 | 0.020 | 3~6 | 4~5 | 92 | 214 | 118 | 96 | 618 | 247 | 371 | 309 | 464 | 773 | 1.498 | 0.043 |
| SQ8-1 | $C_{180}$25W6F200 | 三 | 0.48 | 45 | 29 | 0.70 | 0.020 | 3~6 | 4~5 | 92 | 192 | 105 | 86 | 625 | 250 | 375 | 312 | 468 | 781 | 1.342 | 0.038 |
| SQ1-6 | $C_{90}$25W6F200 FDN减水剂 | 三 | 0.43 | 45 | 29 | 0.70 | 0.020 | 3~6 | 4~5 | 92 | 214 | 118 | 96 | 618 | 247 | 371 | 309 | 464 | 773 | 1.498 | 0.043 |
| SQ1-5 | $C_{90}$25W6F200 乳化沥青 | 三 | 0.43 | 45 | 29 | 0.70 | 0.020 | 3~6 | 4~5 | 92 | 214 | 117 | 96 | 618 | 247 | 371 | 309 | 463 | 772 | 1.498 | 0.043 |
| SQ2-2 | $C_{28}$25W10F200 乳化沥青 | 三 | 0.43 | 35 | 29 | 0.70 | 0.018 | 3~6 | 4~5 | 92 | 214 | 138 | 75 | 620 | 248 | 372 | 310 | 465 | 775 | 1.498 | 0.039 |

注:编号SQ1-6为采用FDN型缓凝高效减水剂FDN型配合比。编号SQ1-4为采用行的$C_{90}$25W6F200等级混凝土复核试验,其总体性能能满足设计要求,成型时坍落度略大,含气率略高,力学指标较编号SQ1-4配合比低。编号SQ1-5和SQ2-2参数为掺加乳化沥青改性混凝土,乳化沥青固含率为14.5%,掺量为胶材的0.3%;混凝土掺乳化沥青改性后,在保持含气率和坍落度上有明显作用,但强度和力学性能上有明显显降低,极限拉伸值未达到设计指标。

表 2.23　大坝三级配混凝土配合比拌合物性能与抗压强度试验结果

| 试件编号 | 强度等级 | 级配 | 坍落度 (cm) | | | | 含气率 (%) | | | | 推算相对密度 (kg/m³) | | | | 凝结时间 (h:min) | | 抗压强度 (MPa) | | | | |
|---|---|---|---|---|---|---|---|---|---|---|---|---|---|---|---|---|---|---|---|---|---|
| | | | 出机 | 15min | 30min | 1h | 出机 | 15min | 30min | 1h | 出机 | 15min | 30min | 1h | 初凝 | 终凝 | 3d | 7d | 28d | 90d | 180d |
| SQ2-1 | $C_{28}$25W10F200 | 三 | 11.5 | 8.1 | 4.3 | — | 8.4 | 6.2 | 4.9 | — | 2396 | 2439 | 2468 | — | 15:22 | 21:04 | 12.8 | 20.0 | 31.7 | 42.5 | 45.1 |
| SQ1-4 | $C_{90}$25W6F200 | 三 | 13.4 | 7.4 | 5.5 | — | 8.4 | 6.4 | 4.8 | — | 2407 | 2453 | 2483 | — | 18:20 | 22:50 | 12.0 | 18.1 | 30.2 | 40.4 | 44.0 |
| SQ8-1 | $C_{180}$25W6F200 | 三 | 16.1 | 9.5 | 7.2 | — | 10.0 | 7.0 | 5.4 | — | 2395 | 2443 | 2481 | — | 21:25 | 26:40 | 9.3 | 14.3 | 22.8 | 35.7 | 40.2 |
| SQ1-6 | $C_{90}$25W6F200 FDN 减水剂 | 三 | 17.5 | — | 15.0 | 8.1 | 11.8 | — | 8.5 | 6.4 | 2631 | 2397 | 2448 | 2476 | 21:25 | 27:12 | — | 14.6 | 24.4 | 33.0 | 40.3 |
| SQ1-5 | $C_{90}$25W6F200 乳化沥青 | 三 | 12.4 | 8.0 | 7.5 | 5.4 | 9.6 | 8.4 | 8.0 | 5.9 | 2378 | 2404 | 2428 | 2460 | — | — | — | 15.0 | 24.4 | 32.8 | 36.4 |
| SQ2-2 | $C_{28}$25W10F200 乳化沥青 | 三 | 8.0 | 6.0 | 5.7 | 3.4 | 9.5 | 8.4 | 7.5 | 6.2 | 2382 | 2418 | 2434 | 2459 | 21:35 | — | 9.3 | 15.1 | 23.9 | 33.8 | — |

表 2.24　大坝三级配混凝土配合比力学性能与变形性能试验结果

| 试件编号 | 强度等级 | 级配 | 劈拉强度 (MPa) | | | | 轴心抗压强度 (MPa) | | | 抗压弹模 (GPa) | | | 轴心抗拉强度 (MPa) | | | 轴心抗拉弹模 (GPa) | | | 极拉 (10⁻⁶) | | |
|---|---|---|---|---|---|---|---|---|---|---|---|---|---|---|---|---|---|---|---|---|---|
| | | | 7d | 28d | 90d | 180d | 28d | 90d | 180d | 28d | 90d | 180d | 28d | 90d | 180d | 28d | 90d | 180d | 28d | 90d | 180d |
| SQ2-1 | $C_{28}$25W10F200 | 三 | 1.11 | 2.14 | 2.77 | 3.07 | 24.0 | 33.7 | 35.9 | 23.7 | 30.4 | 30.4 | 2.15 | 2.43 | 3.34 | 27.2 | 31.8 | 31.8 | 85.3 | 90.7 | 112.5 |
| SQ1-4 | $C_{90}$25W6F200 | 三 | 1.18 | 2.04 | 2.68 | 3.26 | 23.7 | 32.0 | 36.9 | 24.3 | 31.2 | 34.7 | 1.74 | 3.13 | 3.83 | 27.0 | 35.6 | 35.8 | 77.4 | 95.8 | 114.4 |
| SQ8-1 | $C_{180}$25W6F200 | 三 | 1.07 | 1.78 | 2.35 | 2.50 | 20.8 | 29.8 | 33.1 | 22.7 | 30.9 | 31.3 | 1.94 | 2.60 | 2.80 | 26.4 | 32.8 | 33.2 | 80.1 | 88.4 | 90.4 |
| SQ1-6 | $C_{90}$25W6F200 FDN 减水剂 | 三 | — | — | 1.83 | — | 22.5 | 30.1 | — | 24.3 | 30.3 | — | 2.04 | 2.28 | — | 29.6 | 30.6 | — | 87.0 | 90.2 | — |

续表

| 试件编号 | 强度等级 | 级配 | 劈拉强度(MPa) | | | 轴心抗压强度(MPa) | | | 抗压弹模(GPa) | | | 轴心抗拉强度(MPa) | | | 轴心抗拉弹模(GPa) | | | 极拉($10^{-6}$) | | |
|---|---|---|---|---|---|---|---|---|---|---|---|---|---|---|---|---|---|---|---|---|
| | | | 7d | 28d | 90d | 28d | 90d | 180d | 28d | 90d | 180d | 28d | 90d | 180d | 28d | 90d | 180d | 28d | 90d | 180d |
| SQ1-5 | $C_{90}25W6F200$ 乳化沥青 | 三 | — | — | 1.65 | 17.7 | 26.8 | — | 23.6 | 28.0 | — | 1.70 | 2.26 | — | 25.4 | 29.5 | — | 78.1 | 82.0 | — |
| SQ2-2 | $C_{28}25W10F200$ 乳化沥青 | 三 | — | 1.33 | — | 18.5 | 28.3 | — | 23.9 | 28.2 | — | 1.58 | 1.75 | — | 24.5 | 25.3 | — | 76.1 | 84.6 | — |

表 2.25　大坝三级配混凝土配合比耐久性能试验结果

| 试件编号 | 强度等级 | 级配 | 龄期(d) | 抗渗 | | 抗冻试验 | | | | | | | | | | | | | | | |
|---|---|---|---|---|---|---|---|---|---|---|---|---|---|---|---|---|---|---|---|---|---|
| | | | | 等级 | 渗水高度(cm) | 质量损失(%) | | | | | | | | 动弹模量损失(%) | | | | | | | |
| | | | | | | 50 | 100 | 150 | 200 | 250 | 300 | 350 | 400 | 50 | 100 | 150 | 200 | 250 | 300 | 350 | 400 |
| SQ2-1 | $C_{28}25$ W10F200 | 三 | 28 | >W10 | 2.8 | 0.0 | 0.0 | 0.2 | 0.3 | 0.4 | 0.4 | 0.6 | 0.7 | 97.4 | 97.0 | 96.5 | 95.9 | 95.3 | 94.4 | 93.5 | 92.6 |
| | | | 90 | >W10 | 2.4 | 0.1 | 0.2 | 0.2 | 0.3 | 0.3 | 0.3 | | | 97.4 | 96.4 | 95.6 | 94.5 | 93.7 | 92.4 | | |
| SQ1-4 | $C_{90}25$ W6F200 | 三 | 90 | >W10 | 1.8 | 0.1 | 0.4 | 0.8 | 1.0 | 1.2 | 1.4 | 1.6 | 1.8 | 97.7 | 95.8 | 93.6 | 91.9 | 90.0 | 88.1 | 86.3 | 84.7 |
| | | | 180 | >W10 | 0.5 | 0.3 | 0.5 | 0.8 | 0.9 | 1.2 | 1.3 | | | 97.8 | 96.6 | 95.6 | 94.8 | 93.7 | 92.5 | | |
| SQ8-1 | $C_{180}25$ W6F200 | 三 | 28 | >W10 | 3.6 | 0.0 | 0.0 | 0.2 | 0.5 | 0.8 | 1.1 | 1.5 | 2.0 | 98.3 | 97.2 | 96.6 | 96.1 | 95.5 | 94.8 | 93.5 | 92.4 |
| | | | 180 | >W10 | 2.5 | 0.1 | 0.5 | 0.7 | 0.9 | 1.2 | 1.4 | | | 98.9 | 98.1 | 97.4 | 96.2 | 95.3 | 94.4 | | |

注：编号 SQ2-1 的配合比 180d 抗渗>W10，渗水高度为 0.7cm；编号 SQ1-4 的配合比 28d 抗渗>W10，渗水高度为 2.4cm；编号 SQ8-1 的配合比 90d 抗渗>W10，渗水高度为 2.5cm。

### 2.2.6　四级配混凝土配合比试验

参照三级配水胶比、胶材组合交差关系试验情况，结合掺粉煤灰胶砂试验结果和其他工程配合比参数，四级配混凝土按掺 45% 粉煤灰设计。四级配混凝土配合比试验采用某水泥厂 P·I 42.5 型硅酸盐水泥（相当于 P·O 水泥粉煤灰掺量 37% 左右）；山口 C1 料场骨料，5～20mm 小碎石，20～40mm 混合石，40～80mm 和 80～150mm 天然卵石；C1 料场天然砂 40% 与人工砂 60% 的混合砂，细度模数 2.65；某外加剂厂生产的 NF-2 型缓凝高效减水剂和 PMS-NEA3 型引气剂；某项目部生活用水。具体试验参数见表 2.26，试验结果见表 2.27～表 2.29。试验结果表明，混凝土拌合物出机后约 30min 坍落度为 30～60mm，含气率为 5.0%～5.5%，成型试件的各项混凝土性能指标均满足设计要求。

### 2.2.7　混凝土配合比热学指标

混凝土配合比的绝热温升试验结果见表 2.30 和图 2.14，混凝土配合比比热值和导温系数、导热系数试验结果见表 2.31。根据试验结果，选定的大坝四级配混凝土配合比的绝热温升值为 24～26℃。

### 2.2.8　推荐大坝混凝土基本配合比

根据上述试验结果，推荐的某山口水电站工程大坝混凝土施工基本配合比见表 2.32。

## 2.3　大坝混凝土全级配试验

### 2.3.1　试验配合比及试件尺寸

全级配混凝土的拌和、成型、养护及性能试验均按《水工混凝土试验规程》（SL 352—2006）的相关规定进行，各性能试验采用的试件尺寸见表 2.33。成型全级配混凝土的同时成型湿筛混凝土小试件作为陪伴试件，以比较全级配大尺寸混凝土与湿筛小试件混凝土之间的性能差异。

按委托方提供的两个四级配常态混凝土（$C_{90}25W10F300$、$C_{90}30W10F300$）配合比进行全级配混凝土性能试验，试验配合比及拌合物性能试验结果见表 2.34。天然砂、人工砂比例为 40 : 60，特大石、大石、中石、小石组合比例 30 : 30 : 20 : 20。每次拌和完成后，测其坍落度和含气率，静置 30min 左右，使混凝土坍落度为 30～60mm，含气率为 4.5%～5.5%，然后成型试件。全级配混凝土性能试验内容包括抗压强度、劈拉强度、抗压弹模、抗拉强度、极限拉伸值、抗渗性能、抗冻性能、自生体积变形、徐变、线膨胀系数等。

**表 2.26　大坝四级配混凝土配合比试验参数**

| 试件编号 | 强度等级 | 级配 | 配合比参数 | | | | | | | | 材料用量（kg/m³） | | | | | | | | | | | |
| | | | 水胶比 | 粉煤灰（%） | 砂率（%） | 减水剂（%） | 引气剂（%） | 坍落度（cm） | 含气率（%） | 用水量 | 总胶材 | 水泥 | 粉煤灰 | 砂 | 天然砂 40% | 人工砂 60% | 小石 | 中石 | 大石 | 特大石 | 减水剂 | 引气剂 |
| SQ4-3 | $C_{90}25$W10F300 | 四 | 0.43 | 45 | 26 | 0.70 | 0.020 | 3~6 | 5~5.5 | 82 | 191 | 105 | 86 | 570 | 228 | 342 | 332 | 332 | 498 | 498 | 1.335 | 0.038 |
| SQ6-1 | $C_{90}30$W10F300 | 四 | 0.38 | 45 | 25 | 0.70 | 0.020 | 3~6 | 5~5.5 | 82 | 216 | 119 | 97 | 542 | 217 | 325 | 332 | 332 | 498 | 498 | 1.511 | 0.043 |
| SQ7-1 | $C_{90}30$W10F300 | 四 | 0.36 | 45 | 25 | 0.80 | 0.020 | 3~6 | 5~5.5 | 80 | 222 | 122 | 100 | 542 | 217 | 325 | 332 | 332 | 498 | 498 | 1.778 | 0.044 |
| SQ4-5 | $C_{90}25$W10F300 FDN减水剂 | 四 | 0.43 | 45 | 26 | 0.70 | 0.020 | 3~6 | 5~5.5 | 82 | 191 | 105 | 86 | 570 | 228 | 342 | 332 | 332 | 498 | 498 | 1.335 | 0.038 |

注：编号 SQ4-5 为采用 FDN 型缓凝高效减水剂进行的 $C_{90}25$W10F300 等级混凝土复核试验，其总体性能满足设计要求。

**表 2.27　大坝四级配混凝土配合比拌合物性能与抗压强度试验结果**

| 试件编号 | 强度等级 | 级配 | 坍落度（cm） | | | | 含气率（%） | | | | 推算相对密度（kg/m³） | | | | 凝结时间（h：min） | | 抗压强度（MPa） | | | | |
| | | | 出机 | 15min | 30min | 1h | 出机 | 15min | 30min | 1h | 出机 | 15min | 30min | 1h | 初凝 | 终凝 | 3d | 7d | 28d | 90d | 180d |
| SQ4-3 | $C_{90}25$W10F300 | 四 | 10.1 | 6.1 | 3.7 | — | 7.9 | 6.3 | 4.5 | — | 2441 | 2470 | 2493 | — | 15:15 | 21:48 | 10.8 | 15.2 | 26.8 | 37.5 | 42.6 |
| SQ6-1 | $C_{90}30$W10F300 | 四 | 11.7 | 9.6 | 7.4 | — | 8.4 | 7.0 | 5.4 | — | 2447 | 2478 | 2495 | — | 15:12 | 20:06 | 13.0 | 18.8 | 28.8 | 40.7 | 45.9 |
| SQ7-1 | $C_{90}30$W10F300 | 四 | 14.0 | 13.3 | 9.4 | — | 8.5 | 7.4 | 5.6 | — | 2445 | 2470 | 2506 | — | 19:51 | 24:10 | 16.2 | 23.4 | 32.3 | 45.7 | 49.8 |
| SQ4-5 | $C_{90}25$W10F300 FDN减水剂 | 四 | 13.5 | 9.2 | 6.4 | 3.4 | 9.3 | 7.9 | 6.0 | 3.4 | 2426 | 2453 | 2490 | 2507 | 18:52 | 24:08 | 5.1 | 13.8 | 24.3 | 32.1 | 37.8 |

**表 2.28　大坝四级配混凝土配合比力学性能与变形性能试验结果**

| 试件编号 | 强度等级 | 级配 | 劈拉强度（MPa） | | | | 轴心抗压强度（MPa） | | | 抗压弹模（GPa） | | | 轴心抗拉强度（MPa） | | | 轴心抗拉弹模（GPa） | | | 极拉 $(10^{-6})$ | | |
|---|---|---|---|---|---|---|---|---|---|---|---|---|---|---|---|---|---|---|---|---|---|
| | | | 7d | 28d | 90d | 180d | 28d | 90d | 180d | 28d | 90d | 180d | 28d | 90d | 180d | 28d | 90d | 180d | 28d | 90d | 180d |
| SQ4-3 | C₉₀25W10F300 | 四 | 1.24 | 1.89 | 2.47 | 2.66 | 25.6 | 32.2 | 38.1 | 22.8 | 29.5 | 31.1 | 2.10 | 2.49 | 3.30 | 25.7 | 31.1 | 34.5 | 91.4 | 95.2 | 99.1 |
| SQ6-1 | C₉₀30W10F300 | 四 | 1.26 | 2.21 | 2.60 | 2.92 | 27.3 | 38.4 | 49.6 | 25.6 | 29.8 | 35.8 | 2.21 | 3.26 | 3.41 | 31.1 | 30.7 | 32.3 | 79.2 | 115.6 | 117.7 |
| SQ7-1 | C₉₀30W10F300 | 四 | 1.70 | 2.96 | 3.36 | 3.46 | 32.3 | 40.9 | 49.4 | 27.8 | 29.4 | 36.5 | 2.73 | 3.55 | 3.64 | 28.5 | 34.5 | 35.4 | 104.2 | 112.8 | 113.5 |
| SQ4-5 | C₉₀25W10F300 FDN 减水剂 | 四 | — | 1.23 | 1.68 | — | 18.4 | 27.5 | — | 21.0 | 29.6 | — | 1.76 | 2.14 | — | 28.2 | 30.6 | — | 66.8 | 88.4 | — |

**表 2.29　大坝四级配混凝土配合比耐久性能试验结果**

| 试件编号 | 强度等级 | 级配 | 龄期 (d) | 抗渗 | | 质量损失（%） | | | | | | | | | | | 动弹模量损失（%） | | | | | | | | | | | 等级 |
|---|---|---|---|---|---|---|---|---|---|---|---|---|---|---|---|---|---|---|---|---|---|---|---|---|---|---|---|---|
| | | | | 渗水高度(cm) | 等级 | 50 | 100 | 150 | 200 | 250 | 300 | 350 | 400 | 500 | 600 | 750 | 50 | 100 | 150 | 200 | 250 | 300 | 350 | 400 | 500 | 600 | 750 | |
| SQ4-3 | C₉₀25 W10F300 | 四 | 90 | 0.5 | >W10 | 0.0 | 0.2 | 0.2 | 0.2 | 0.2 | 0.3 | 0.4 | 0.5 | — | — | — | 96.9 | 96.5 | 96.3 | 96.0 | 95.7 | 95.3 | 94.8 | 93.3 | — | — | — | >F400 |
| | | | 180 | 0.2 | >W10 | 0.1 | 0.2 | 0.2 | 0.3 | 0.3 | 0.7 | 0.7 | 0.8 | 0.9 | — | 1.8 | 98.6 | 97.6 | 96.8 | 95.8 | 94.9 | 93.7 | 97.2 | 97.0 | 96.5 | — | 95.2 | >F750 |
| SQ6-1 | C₉₀30 W10F300 | 四 | 28 | 2.5 | >W10 | 0.0 | 0.5 | 0.5 | 0.6 | 0.7 | 0.8 | 0.9 | 1.1 | — | — | — | 99.3 | 98.5 | 97.1 | 96.4 | 95.7 | 94.8 | 93.8 | 94.3 | — | — | — | >F400 |
| | | | 90 | 0.5 | >W10 | 0.2 | 0.4 | 0.5 | 0.6 | 0.7 | 0.8 | 0.9 | 1.0 | 1.1 | 1.3 | 1.6 | 99.0 | 98.1 | 97.0 | 95.9 | 94.8 | 93.8 | 97.4 | 96.2 | 94.9 | — | 92.9 | >F750 |
| SQ7-1 | C₉₀30 W10F300 | 四 | 28 | 1.8 | >W10 | 0.2 | 0.4 | 0.4 | 0.5 | 0.6 | 0.6 | 0.6 | 0.7 | 0.9 | — | — | 98.1 | 97.5 | 97.0 | 96.2 | 95.5 | 94.7 | 93.7 | 92.6 | — | — | — | >F400 |

注：编号 SQ4-3 的配合比 28d 抗渗>W10，渗水高度 2.5cm；编号 SQ6-1 的配合比 90d 试件装箱时间已达 180d 龄期，其 180d 抗渗>W10，渗水高度 0.5cm；由于编号 SQ6-1 的配合比 SQ4-3 和 90d 的 SQ6-1 的 SQ6-1 90d 和 180d 抗渗均>W10，渗水高度均为 0.5cm。180d 抗冻试验试件未装箱。1 试件从 350 次起才起水充试验情况。

**表 2.30 混凝土配合比绝热温升实测值及最终温升值**

| 试件编号 | 主要试验参数 | | | | | | | 初始温度 (℃) | 绝热温升 (℃) | | | | | 拟合公式 | $D$ | $T_m$ (℃) |
|---|---|---|---|---|---|---|---|---|---|---|---|---|---|---|---|---|
| | 强度等级 | 级配 | 水胶比 | 粉煤灰掺量 (%) | 胶材用量 (kg/m³) | | | | 实测值 | | | | | | | |
| | | | | | 总胶材 | 水泥 | 粉煤灰 | | 1d | 3d | 7d | 14d | 28d | | | |
| SQ4-3 | $C_{90}$25W10F300 | 四 | 0.43 | 45 | 191 | 105 | 86 | 20.5 | 5.40 | 14.87 | 20.54 | 22.32 | 23.09 | $T=\dfrac{T_m\times t}{D+t}$ $(t\geqslant 2d)$ | 1.62 | 24.43 |
| SQ6-1 | $C_{90}$30W10F300 | 四 | 0.38 | 45 | 216 | 119 | 97 | 19.0 | 5.63 | 15.73 | 21.30 | 24.05 | 25.61 | | 2.1 | 26.12 |
| SQ2-3 | $C_{28}$25W10F200 | 三 | 0.43 | 35 | 214 | 139 | 75 | 15.01 | 7.51 | 17.47 | 22.59 | 25.60 | 27.37 | | 2.2 | 29.10 |
| SQ1-4 | $C_{90}$25W6F200 | 三 | 0.43 | 45 | 214 | 118 | 96 | 18.0 | 6.53 | 16.32 | 21.19 | 23.20 | 23.71 | | 1.59 | 25.06 |
| SQ8-1 | $C_{180}$25W6F200 | 三 | 0.48 | 45 | 192 | 105 | 86 | 14.8 | 5.4 | 14.3 | 19.4 | 22.8 | 23.01 | | 1.8 | 24.72 |
| SQ14-2 | $C_{28}$40W6F300 | 三 | 0.28 | 20 | 343 | 274 | 69 | 22.09 | 12.2 | 28.43 | 32.03 | 32.83 | 33.83 | | 0.69 | 34.55 |

注：公式中，$t$ 为龄期 (d)，按≥2d计算；$T_m$ 为最终温升值 (℃)；$T$ 为某龄期的绝热温升值 (℃)。

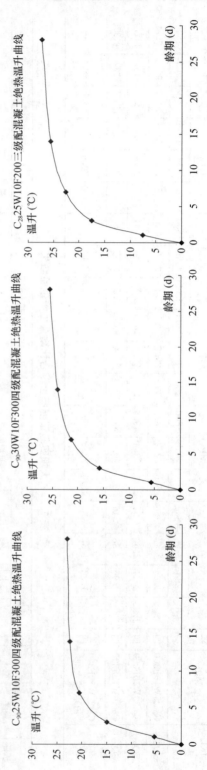

$C_{28}$25W10F200 三级配混凝土绝热温升曲线

$C_{90}$30W10F300 四级配混凝土绝热温升曲线

$C_{90}$25W10F300 四级配混凝土绝热温升曲线

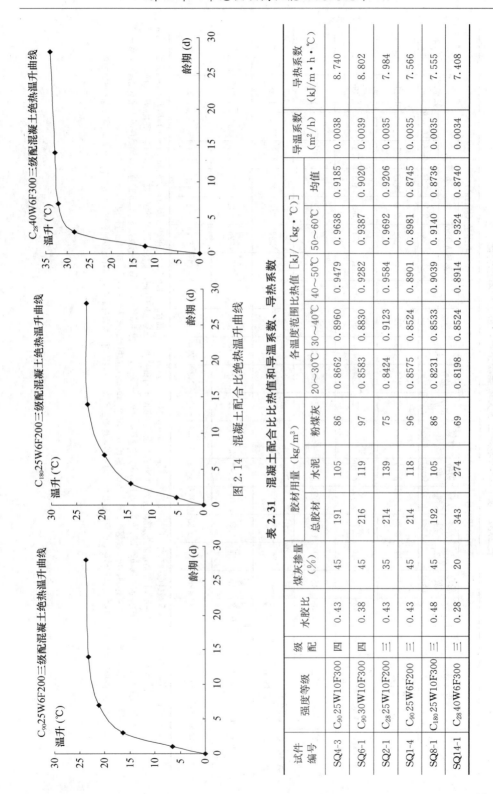

图 2.14　混凝土配合比绝热温升曲线

表 2.31　混凝土配合比比热值和导温系数、导热系数

| 试件编号 | 强度等级 | 级配 | 水胶比 | 煤灰掺量(%) | 胶材用量 (kg/m³) | | | 各温度范围比热值 [kJ/(kg·℃)] | | | | | 导温系数 (m²/h) | 导热系数 (kJ/m·h·℃) |
|---|---|---|---|---|---|---|---|---|---|---|---|---|---|---|
| | | | | | 总胶材 | 水泥 | 粉煤灰 | 20~30℃ | 30~40℃ | 40~50℃ | 50~60℃ | 均值 | | |
| SQ4-3 | $C_{90}25W10F300$ | 四 | 0.43 | 45 | 191 | 105 | 86 | 0.8662 | 0.8960 | 0.9479 | 0.9638 | 0.9185 | 0.0038 | 8.740 |
| SQ6-1 | $C_{90}30W10F300$ | 四 | 0.38 | 45 | 216 | 119 | 97 | 0.8583 | 0.8830 | 0.9282 | 0.9387 | 0.9020 | 0.0039 | 8.802 |
| SQ2-1 | $C_{28}25W10F200$ | 三 | 0.43 | 35 | 214 | 139 | 75 | 0.8424 | 0.9123 | 0.9584 | 0.9692 | 0.9206 | 0.0035 | 7.984 |
| SQ1-4 | $C_{90}25W6F200$ | 三 | 0.43 | 45 | 214 | 118 | 96 | 0.8575 | 0.8524 | 0.8901 | 0.8981 | 0.8745 | 0.0035 | 7.566 |
| SQ8-1 | $C_{180}25W10F300$ | 三 | 0.48 | 45 | 192 | 105 | 86 | 0.8231 | 0.8533 | 0.9039 | 0.9140 | 0.8736 | 0.0035 | 7.555 |
| SQ14-1 | $C_{28}40W6F300$ | 三 | 0.28 | 20 | 343 | 274 | 69 | 0.8198 | 0.8524 | 0.8914 | 0.9324 | 0.8740 | 0.0034 | 7.408 |

表 2.32　某山口水电站工程大坝混凝土推荐施工基本配合比

| 分区编号 | 强度等级 | 配合比参数 | | | | | | | | 材料用量（kg/m³） | | | | | | | | | | | | |
|---|---|---|---|---|---|---|---|---|---|---|---|---|---|---|---|---|---|---|---|---|---|---|
| | | 级配 | 水胶比 | 粉煤灰（%） | 砂率（%） | 减水剂（%） | 引气剂（%） | 坍落度（cm） | 含气率（%） | 用水量 | 总胶材 | 水泥 | 粉煤灰 | 砂 | 天然砂 | 人工砂 | 粗骨料 | | | | 减水剂 | 引气剂 |
| | | | | | | | | | | | | | | | 4 | 6 | 小石 | 中石 | 大石 | 特大石 | | |
| A（Ⅲ）<br>A（Ⅷ） | C₂₈25W10F200<br>C₂₈25W6F200 | 三 | 0.43 | 35 | 29 | 0.70 | 0.018 | 3~6 | 4~5 | 92 | 214 | 139 | 75 | 620 | 248 | 372 | 310 | 465 | 775 | — | 1.498 | 0.039 |
| A（Ⅵ） | C₉₀25W6F200 | 三 | 0.43 | 45 | 29 | 0.70 | 0.020 | 3~6 | 4~5 | 92 | 214 | 118 | 96 | 618 | 247 | 371 | 309 | 464 | 773 | — | 1.498 | 0.043 |
| A（Ⅵ） | C₁₈₀25W6F200 | 三 | 0.48 | 45 | 29 | 0.70 | 0.020 | 3~6 | 4~5 | 92 | 192 | 105 | 86 | 625 | 250 | 375 | 312 | 468 | 781 | — | 1.342 | 0.038 |
| A（Ⅰ-1）<br>A（Ⅰ-2） | C₉₀25F300W10<br>C₉₀25F300W8 | 四 | 0.43 | 45 | 26 | 0.70 | 0.020 | 3~6 | 4.5~5.5 | 82 | 191 | 105 | 86 | 570 | 228 | 342 | 332 | 332 | 498 | 498 | 1.335 | 0.038 |
| A（Ⅱ） | C₉₀30F300W10 | 四 | 0.38 | 45 | 25 | 0.70 | 0.020 | 3~6 | 4.5~5.5 | 82 | 216 | 119 | 97 | 542 | 217 | 325 | 332 | 332 | 498 | 498 | 1.511 | 0.043 |
| A（Ⅴ） | C₂₈40W6F300 | 三 | 0.28 | 20 | 27 | 0.80 | 0.010 | 3~6 | 4~5 | 96 | 343 | 274 | 69 | 545 | 218 | 327 | 301 | 452 | 753 | — | 2.743 | 0.034 |

注：1. 原材料：某水泥厂 P·Ⅰ 42.5 级硅酸盐水泥；山口 C1 料场骨料，5~20mm 卵石，20~40mm 卵碎石混合石，40~80mm 和 80~150mm 天然卵石，某外加剂厂生产的 NF-2 型缓凝高效减水剂和 PMS-NEA3 型引气剂，某公司 FDN 型缓凝高效减水剂和 AER 型引气剂。山口 C1 料场天然砂与人工砂混合砂，混合砂细度模数按 2.6±0.1 控制；出机砂含气率，现场测定值可略大，出机调整含气率以调整引气剂掺量控制；坍落度调整引气剂含气率 F200 为 4%~5%，F300 为 4.5%~5.5%。单位用水量或增加减水剂用量进行调整。

2. 严格控制含气率，混合砂，出机控制按 30min 控制引气剂含气率 F200 为 4%~5%，F300 为 4.5%~5.5%，以满足现场工况不出现浮浆和干料为准。坍落度增加超出 2cm，需按 1cm 增加 2kg/m³ 单位用水量或适当增加减水剂用量进行调核，现场生产成品骨料使用时需做好复核，如骨料级配和空隙率变化较大，可适当调整砂率等参数。

3. 配合比按体积法进行计算，砂率为体积砂率，骨料以饱和面干为准。

表 2.33　全级配混凝土各性能试验试件尺寸

| 试验项目 | 试件形状 | 试件尺寸（mm） |
|---|---|---|
| 抗压强度 | 立方体 | 450×450×450 |
| 劈拉强度 | 立方体 | 450×450×450 |
| 轴心抗拉强度 | 棱柱体 | 450×450×1700 |
| 轴心抗压弹模 | 圆柱体 | φ450×900 |
| 泊松比 | 圆柱体 | φ450×900 |
| 自生体积变形 | 圆柱体 | φ450×900 |
| 干缩 | 圆柱体 | φ450×900 |
| 线膨胀系数 | 圆柱体 | φ450×900 |
| 抗渗等级 | 圆柱体 | φ450×450 |
| 抗冻 | 棱柱体 | 450×450×900 |

表 2.34　全级配混凝土试验配合比

| 编号 | 强度等级 | 级配 | 水胶比 | 粉煤灰掺量（%） | 砂率（%） | 减水剂掺量（%） | 引气剂掺量（%） | 混凝土材料用量（kg/m³） | | | | | |
|---|---|---|---|---|---|---|---|---|---|---|---|---|---|
| | | | | | | | | 水 | 水泥 | 粉煤灰 | 天然砂 | 人工砂 | 石 |
| SQ-4 | C₉₀25W10F300 | 四 | 0.43 | 45 | 26 | 0.7 | 0.012 | 82 | 105 | 86 | 228 | 342 | 1660 |
| SQ-6 | C₉₀30W10F300 | 四 | 0.38 | 45 | 25 | 0.7 | 0.012 | 82 | 119 | 97 | 217 | 325 | 1660 |

大坝四级配混凝土全级配试验，坍落度出机按 80～100mm 控制，30min 按 50～60mm 控制；含气率出机按 6.8～8.5％控制，30min 按 5.0％～5.8％控制。

## 2.3.2　抗压强度和劈拉强度

全级配混凝土、湿筛混凝土的抗压强度及其增长率、全级配混凝土与湿筛混凝土抗压强度比值见表 2.35；全级配混凝土、湿筛混凝土的劈拉强度及其增长率、全级配混凝土与湿筛混凝土劈拉强度比值见表 2.36。全级配混凝土抗压强度、劈拉强度试验装置如图 2.15、图 2.16 所示，试件断裂面情况如图 2.17、图 2.18所示。

表 2.35　全级配混凝土抗压强度试验结果

| 编号 | 强度等级 | 抗压强度（MPa） | | | | 抗压强度增长率（%） | | | | 全级配试件/湿筛试件（%） | | | |
|---|---|---|---|---|---|---|---|---|---|---|---|---|---|
| | | 7d | 28d | 90d | 180d | 7d | 28d | 90d | 180d | 7d | 28d | 90d | 180d |
| SQ-4 | C₉₀25 | 12.5 | 19.3 | 26.0 | 34.4 | 65 | 100 | 155 | 178 | 85.0 | 77.5 | 80.0 | 79.4 |
| 湿筛试件 | C₉₀25 | 14.7 | 24.9 | 37.5 | 43.3 | 59 | 100 | 151 | 174 | | | | |
| SQ-6 | C₉₀30 | 14.9 | 23.0 | 32.7 | 38.9 | 65 | 100 | 142 | 169 | 79.7 | 79.0 | 81.3 | 80 |
| 湿筛试件 | C₉₀30 | 18.7 | 29.1 | 40.2 | 48.6 | 64 | 100 | 138 | 167 | | | | |

表 2.36 全级配混凝土劈拉强度试验结果

| 编号 | 劈拉强度（MPa） | | | | 劈拉强度增长率（%） | | | | 全级配试件/湿筛试件（%） | | | |
|---|---|---|---|---|---|---|---|---|---|---|---|---|
| | 7d | 28d | 90d | 180d | 7d | 28d | 90d | 180d | 7d | 28d | 90d | 180d |
| SQ-4 | 0.73 | 1.37 | 2.24 | 2.86 | 53 | 100 | 164 | 209 | 119.7 | 135.6 | 123.1 | 104.8 |
| 湿筛试件 | 0.61 | 1.01 | 1.82 | 2.73 | 60 | 100 | 180 | 270 | | | | |
| SQ-6 | 1.05 | 1.76 | 2.55 | 3.27 | 60 | 100 | 145 | 186 | 101.9 | 118.1 | 119.7 | 104.8 |
| 湿筛试件 | 1.03 | 1.49 | 2.13 | 3.12 | 69 | 100 | 143 | 209 | | | | |

图 2.15 全级配混凝土抗压强度试验装置

图 2.16 全级配混凝土劈拉强度试验装置

由试验结果可知：

（1）两个配合比全级配混凝土 90d 龄期的抗压强度均略低于相应分区部位大坝混凝土的配制强度要求。

（2）全级配混凝土的抗压强度比湿筛混凝土的低，为其 80％左右。由于大坝混凝土采用强度较高且表面光滑的天然骨料，因此混凝土大多从骨料与砂浆间的界面区破坏，从全级配混凝土抗压强度断裂面情况（图 2-17）可以看出，大骨料均完好，混凝土从骨料与砂浆界面区裂开。全级配混凝土试件中粗骨料含量占65％，混凝土经湿筛后，粗骨料含量仅占 40％，砂浆含量更丰富，界面过渡区结合更紧密且所占比率下降，所以湿筛混凝土试件抗压强度比全级配混凝土高。

(a) (b)

图 2.17　全级配混凝土抗压强度试验断裂面情况

(a) SQ-4（28d）；(b) SQ-6（28d）

（3）全级配混凝土的劈拉强度比湿筛混凝土的高，90d 龄期全级配混凝土的劈拉强度约为湿筛混凝土的 120％。从全级配混凝土劈拉强度断裂面情况（图 2-18）可以看出，劈裂破坏面上混凝土小骨料大多断裂，而大骨料基本为脱出。这表明在劈拉试验过程中，裂缝绕过全级配混凝土中的大石、特大石，沿着大骨料-砂浆界面破坏，即全级配混凝土中的大石、特大石阻碍了裂缝的发展，

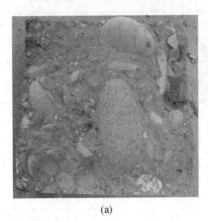 

(a) (b)

图 2.18　全级配混凝土劈拉强度试验断裂面情况

(a) SQ-4（28d）；(b) SQ-6（90d）

使全级配混凝土的劈拉强度高于湿筛混凝土。

（4）全级配混凝土的抗压强度增长率比湿筛混凝土的略高，全级配混凝土的劈拉强度增长率比湿筛混凝土的略低，但均较接近。

### 2.3.3 轴拉强度和极限拉伸值

全级配混凝土与湿筛混凝土的轴拉强度及其增长率、全级配混凝土与湿筛混凝土轴拉强度比值、轴拉强度与劈拉强度比值见表 2.37、表 2.38，极限拉伸值试验结果见表 2.39，全级配混凝土轴拉强度试验设备（4000kN 卧式万能试验机）如图 2.19 所示，试件断裂面情况如图 2.20 所示。

表 2.37　全级配混凝土轴拉强度试验结果

| 编号 | 轴拉强度（MPa） | | | | 全级配轴拉强度/湿筛轴拉强度（%） | | | | 轴拉强度增长率（%） | | | |
|---|---|---|---|---|---|---|---|---|---|---|---|---|
| | 7d | 28d | 90d | 180d | 7d | 28d | 90d | 180d | 7d | 28d | 90d | 180d |
| SQ-4 | 0.82 | 1.19 | 1.70 | 2.25 | 68.3 | 86.2 | 75.2 | 75.5 | 69 | 100 | 143 | 189 |
| 湿筛试件 | 1.20 | 1.38 | 2.26 | 2.98 | | | | | 87 | 100 | 164 | 216 |
| SQ-6 | 1.10 | 1.36 | 2.10 | 2.67 | 81.5 | 84.5 | 73.2 | 78.8 | 81 | 100 | 154 | 196 |
| 湿筛试件 | 1.35 | 1.61 | 2.87 | 3.39 | | | | | 84 | 100 | 178 | 211 |

表 2.38　全级配混凝土抗拉强度与抗压强度比值

| 编号 | 劈拉强度/抗压强度（%） | | | | 轴拉强度/抗压强度（%） | | | |
|---|---|---|---|---|---|---|---|---|
| | 7d | 28d | 90d | 180d | 7d | 28d | 90d | 180d |
| SQ-4 | 5.8 | 7.1 | 7.5 | 8.3 | 6.6 | 6.2 | 5.7 | 6.5 |
| 湿筛试件 | 4.1 | 4.1 | 4.9 | 6.3 | 8.2 | 5.5 | 6.0 | 6.9 |
| SQ-6 | 7.0 | 7.7 | 7.8 | 8.4 | 7.4 | 5.9 | 6.4 | 6.9 |
| 湿筛试件 | 5.5 | 5.1 | 5.3 | 6.4 | 7.2 | 5.5 | 7.1 | 7.0 |

表 2.39　全级配混凝土极限拉伸值试验结果

| 编号 | 极限拉伸值（×10⁻⁶） | | | | 全级配/湿筛（%） | | | | 极限拉伸值增长率（%） | | | |
|---|---|---|---|---|---|---|---|---|---|---|---|---|
| | 7d | 28d | 90d | 180d | 7d | 28d | 90d | 180d | 7d | 28d | 90d | 180d |
| SQ-4 | 35 | 49 | 57 | 65 | 56.5 | 64.5 | 60.0 | 61.9 | 71 | 100 | 116 | 133 |
| 湿筛试件 | 62 | 76 | 95 | 105 | | | | | 82 | 100 | 125 | 138 |
| SQ-6 | 40 | 58 | 65 | 73 | 61.5 | 72.5 | 67.7 | 67.6 | 69 | 100 | 112 | 126 |
| 湿筛试件 | 65 | 80 | 96 | 108 | | | | | 81 | 100 | 120 | 135 |

图 2.19　全级配混凝土轴拉强度试验设备

(c)

(d)

(e)

(f)

图 2.20　全级配混凝土轴拉强度试验试件断裂面情况

(a) SQ-4（7d）；(b) SQ-6（7d）；(c) SQ-4（28d）；

(d) SQ-6（28d）；(e) SQ-4（90d）；(f) SQ-6（90d）

由试验结果可知：

（1）全级配混凝土各龄期的轴拉强度均低于湿筛混凝土的轴拉强度，平均为其 78%。

（2）全级配混凝土各龄期的极限拉伸值均低于湿筛混凝土的极限拉伸值，平均为其 64%，湿筛混凝土试件的极限拉伸值可满足设计要求。

（3）全级配混凝土的劈拉强度与抗压强度比值比湿筛混凝土的高，全级配混凝土的轴拉强度与抗压强度比值和湿筛混凝土较接近。

（4）全级配混凝土的轴拉强度增长率、极限拉伸值增长率均比湿筛混凝土的低。

（5）全级配混凝土轴拉试件均从中部断裂，断裂面骨料基本是被拔出，仅有较少量骨料被拉断。

## 2.3.4　抗压弹模和泊松比

全级配混凝土与湿筛混凝土的抗压弹模和泊松比试验结果见表 2.40，全级配混凝土抗压弹模试验装置如图 2.21 所示。

表 2.40　全级配混凝土抗压弹模和泊松比

| 编号 | 抗压弹模（GPa） | | | 全级配抗压弹模/湿筛抗压弹模(%) | | | 泊松比 | |
|------|------|------|------|------|------|------|------|------|
| | 7d | 28d | 90d | 7d | 28d | 90d | 28d | 90d |
| SQ-4 | 20.3 | 27.9 | 33.9 | 104.6 | 116.7 | 114.9 | 0.11 | 0.19 |
| 湿筛试件 | 19.4 | 23.9 | 29.5 | | | | — | — |

| 编号 | 抗压弹模（GPa） | | | 全级配抗压弹模/湿筛抗压弹模(%) | | | 泊松比 | |
|------|------|------|------|------|------|------|------|------|
| | 7d | 28d | 90d | 7d | 28d | 90d | 28d | 90d |
| SQ-6 | 24.7 | 29.8 | 34.5 | 126.0 | 116.4 | 112.7 | 0.13 | 0.19 |
| 湿筛试件 | 19.6 | 25.6 | 30.6 | | | | — | — |

图 2.21　全级配混凝土抗压弹模试验装置

由试验结果可知：

（1）全级配混凝土 90d 龄期的抗压弹模均高于 33GPa。

（2）全级配混凝土的抗压弹模高于湿筛混凝土，平均为湿筛混凝土的 115％ 左右，全级配混凝土的骨料含量高，抗压弹模相应较高。

（3）全级配混凝土 90d 龄期的泊松比平均为 0.19。

## 2.3.5　干缩

全级配混凝土干缩率试验装置如图 2.22 所示，试验结果见表 2.41，干缩率随时间变化的关系曲线如图 2.23 所示。由试验结果可知，全级配混凝土的干缩率比湿筛混凝土小得多，90d 龄期全级配混凝土的干缩率约为湿筛混凝土干缩率的 45％。

图 2.22  全级配混凝土干缩试验装置

**表 2.41  混凝土干缩试验结果**

| 编号 | 水胶比 | 干缩率（×10⁻⁶） | | | | | | | |
|------|--------|------|------|------|------|------|------|------|------|
| | | 1d | 3d | 7d | 14d | 28d | 60d | 90d | 180d |
| SQ-6 | 0.38 | 5 | 27 | 49 | 82 | 109 | 128 | 168 | 224 |
| 湿筛试件 | 0.38 | 7 | 49 | 133 | 215 | 282 | 320 | 372 | 483 |

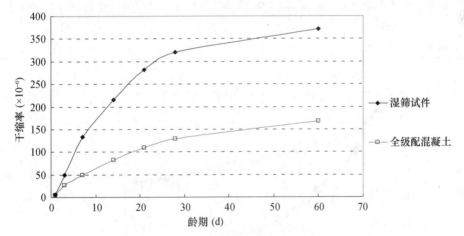

图 2.23  混凝土干缩率随时间变化的关系曲线

## 2.3.6  自生体积变形

全级配混凝土自生体积变形试验装置如图 2.24 所示，试验结果见表 2.42，自生体积变形随时间变化的关系曲线如图 2.25 所示。由试验结果可知，采用现有原材料，大坝混凝土的自生体积变形表现为收缩，全级配混凝土 21d 龄期以前的自生体积收缩变形与湿筛混凝土较接近，后期小于湿筛混凝土，70d 龄期为湿筛混凝土自生体积收缩率的 67％。

图 2.24　全级配混凝土自生体积变形试验装置

**表 2.42　全级配混凝土自生体积变形试验结果　（×10⁻⁶）**

| 龄期 | 1d | 2d | 3d | 4d | 5d | 6d | 7d | 14d | 21d | 28d | 35d | 50d | 70d |
|---|---|---|---|---|---|---|---|---|---|---|---|---|---|
| SQ-6 | 0 | −5 | −8 | −9 | −9 | −9 | −9 | −12 | −15 | −24 | −29 | −36 | −42 |
| SQ-6 湿筛 | 0 | −5 | −6 | −7 | −8 | −8 | −8 | −12 | −16 | −30 | −45 | −59 | −73 |
| SQ-4 湿筛 | 0 | 23.5 | 24.2 | 24.7 | 24.4 | 24.3 | 24.2 | 15.6 | | | | | |
| 龄期 | 80d | 90d | 106d | 120d | 125d | 150d | 180d | 200d | 210d | 225d | 240d | — | — |
| SQ-6 | −45 | −43 | −46 | −49 | −52 | −52 | −59 | −62 | −64 | −66 | −66 | | |
| 湿筛 | −84 | −88 | −96 | −103 | −105 | −106 | −124 | −125 | −127 | −130 | −130 | | |

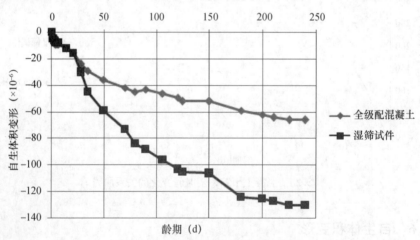

图 2.25　混凝土自生体积变形随时间变化的关系曲线

## 2.3.7　徐变

全级配混凝土徐变及抗渗试验尚未到试验龄期，待试验完成后在下次报告中一并提交。湿筛混凝土试件的徐变试验结果见表 2.43。

**表 2.43　湿筛混凝土徐变试验结果**

不同持荷时间的混凝土徐变度 （×10⁻⁶/MPa）

| 编号 | 级配 | 龄期 | 1d | 2d | 3d | 4d | 5d | 14d | 21d | 28d | 35d | 42d | 49d | 60d | 90d | 120d | 150d | 180d | 210d | 240d |
|---|---|---|---|---|---|---|---|---|---|---|---|---|---|---|---|---|---|---|---|---|
| SQ-6 湿筛 | 湿筛混凝土原始结果 | 7d | 12.8 | 16.5 | 21.5 | 24.5 | 25.5 | 36 | 41.5 | 43 | 44.3 | 44.8 | 44.2 | 44.8 | 45.3 | 45.8 | 46.0 | 46.3 | 46.5 | 46.7 |
| | | 28d | 6.8 | 9.3 | 10.5 | 12.0 | 13.8 | 16.8 | 18.7 | 19.7 | 20.8 | 22.0 | 22.3 | 23.3 | 23.8 | 25.0 | 25.3 | 25.7 | 26.3 | |
| | | 90d | 3.8 | 4.2 | 5.3 | 5.8 | 6.3 | 7.8 | 8.8 | 9.2 | 9.8 | 10.2 | 10.3 | 10.5 | 11.0 | 12.0 | 12.3 | | | |
| | | 180d | 2.5 | 2.8 | 3.2 | 3.5 | 3.7 | 4.7 | 5.0 | 5.3 | 6.2 | 6.7 | 6.8 | 7.0 | | | | | | |
| | 湿筛换算全级配 | 7d | 7.7 | 9.9 | 12.9 | 14.7 | 15.3 | 21.6 | 24.9 | 26.7 | 26.6 | 26.9 | 26.5 | 26.9 | 27.2 | 27.5 | 27.6 | 27.8 | 27.9 | 28.0 |
| | | 28d | 4.1 | 5.6 | 6.3 | 7.2 | 8.3 | 10.1 | 11.2 | 11.8 | 12.5 | 13.2 | 13.3 | 14.0 | 14.3 | 15.0 | 15.2 | 15.4 | 15.8 | |
| | | 90d | 2.3 | 2.5 | 3.2 | 3.5 | 3.8 | 4.7 | 5.3 | 5.5 | 5.9 | 6.1 | 6.2 | 6.3 | 6.6 | 7.2 | 7.4 | | | |
| | | 180d | 1.5 | 1.7 | 1.9 | 2.1 | 2.2 | 2.8 | 3.0 | 3.2 | 3.7 | 4.0 | 4.1 | 4.2 | | | | | | |
| | 实测全级配 | 7d | 6.1 | 8.1 | 10.4 | 12.1 | 13.5 | 17.8 | 20.5 | 21.8 | 22.5 | 23.0 | 23.4 | 23.8 | 24.1 | 24.2 | 24.4 | 24.6 | 24.7 | 24.8 |
| | | 28d | 3.7 | 4.8 | 5.3 | 6.4 | 6.9 | 9.7 | 10.2 | 10.5 | 10.8 | 11.2 | 11.6 | 11.9 | 12.5 | 12.9 | 13.2 | 13.5 | 13.8 | |
| | | 90d | 2.0 | 2.2 | 2.5 | 2.8 | 3.2 | 3.8 | 4.2 | 4.4 | 4.8 | 5.1 | 5.3 | 5.5 | 5.7 | 6.1 | 6.3 | | | |
| | | 180d | 1.0 | 1.3 | 1.5 | 1.7 | 1.8 | 2.2 | 2.5 | 2.8 | 3.2 | 3.5 | 3.6 | 3.7 | | | | | | |

### 2.3.8 抗渗

全级配混凝土抗渗试验参照《水工混凝土试验规程》（SL 352—2006）进行，先加压至1.0MPa，保持24h，在8h内，定速加压至3.1MPa，稳压24h，未发现渗水后卸压。劈开试件，量测渗水高度，并计算相对渗透系数。

抗渗试验结果见表2.44。抗渗试件渗水情况如图2.26所示，由试验结果知，参照抗渗等级计算方法，大坝全级配混凝土的抗渗等级＞W10，按照相对渗透系数计算，大坝全级配混凝土相对渗透系数为$0.22 \times 10^{-10}$ cm/s，抗渗性能较好。

表2.44　全级配混凝土抗渗试验结果

| 编号 | 强度等级 | 水胶比 | 粉煤灰掺量（%） | 抗渗等级 | 平均渗水高度（mm） | 相对渗透系数（cm/s） |
|------|---------|--------|---------------|---------|------------------|--------------------|
| SQ-6 | $C_{90}30W10F300$ | 0.38 | 45 | ＞W10 | 43 | $0.22 \times 10^{-10}$ |

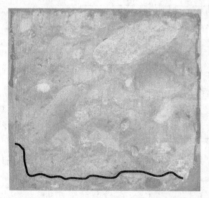

图2.26　全级配混凝土抗渗试件渗水线（SQ-6）

### 2.3.9 小结

（1）某地P·I42.5水泥各项技术指标满足规范要求。水泥比表面积、细度、强度等指标与专家会要求略有出入，但整体测值适中，可以满足大体积常态混凝土施工技术要求。为保证数据吻合，建议水泥比表面积按（320±20）$m^3/kg$控制，强度指标执行标准要求。

（2）某电厂粉煤灰满足Ⅰ级粉煤灰要求，与山口工程其他材料适应性较好。

（3）试验用早期某地天然砂和人工砂按4∶6比例调配后的混合砂，各点累计筛余量均在中砂区范围，细度模数2.6±0.1，各项品质指标符合规范要求。

特别是颗粒级配好，砂滚珠作用明显，混凝土拌合用水量低。砂施工正式生产应按具体测值调整混合砂配制比例，使级配、细度模数等指标满足施工和规范要求。

（4）C1 料场天然骨料级配较差，小石很少，中石不多，特大石很多。采用破碎大石补充小中石工艺，试验采用小石为碎石。考虑天然级配和破碎加工成本，本着少用小石、中石和多用大石、特大石原则，选定四级配骨料比例为小石：中石：大石：特大石＝2：2：3：3、三级配骨料比例为小石：中石：大石＝2：3：5。粗骨料正式大规模生产后，应对骨料级配进行复核试验，并根据试验结果空隙率情况适当调整混凝土配合比砂率。

（5）某公司 NF-2 型缓凝高效减水剂和 PMS-NEA3 型引气剂与某地工程材料（特别水泥）适应性较好，满足施工使用要求。某公司的 FDN 型缓凝高效减水剂和 AER 型引气剂性能与某公司外加剂性能相当，与某地工程材料适应性未发现不良反应，由于试验任务紧，未进行大范围试验。

（6）配合比试验为及早提出可行的配合比参数，边进行原材料检测边进行配合比设计试验，根据试验结果，推荐的混凝土配合比各项指标满足设计施工要求。

（7）设计要求，混凝土含气率是配合比高性能化的关键控制参数，成型含气率为 4.5％～5.5％时可满足 F400 以上抗冻要求。施工中应考虑出机到入仓时间过程的含气率损失量，出机混凝土测值可略大，以入仓时含气率调整引气剂掺量。入仓时 F200 混凝土含气率按 4％～5％控制、F300 混凝土按 4.5％～5.5％控制、F400 混凝土按 5％～5.5％控制。

（8）由于检测时筛除 40mm 以上粒径的骨料，混凝土坍落度测值较大；因此，混凝土坍落度施工时可按入仓后 30～60mm 控制，以满足现场工况不出现浮浆和干料为准。

（9）施工骨料、水泥等材料正式生产后，可进行配合比调整复核试验。

（10）采用新疆某山口大坝混凝土推荐配合比，湿筛混凝土设计龄期的抗压强度有较多富裕，但全级配混凝土设计龄期的抗压强度略低于配制强度的要求。

（11）采用新疆某山口大坝混凝土推荐配合比，全级配混凝土设计龄期的抗拉强度满足设计要求，但富裕度低。

（12）采用新疆某山口大坝混凝土推荐配合比，设计龄期湿筛混凝土的极限拉伸值相比设计要求有较多富裕，但全级配混凝土的极限拉伸值明显低于设计要求。

（13）设计龄期，湿筛混凝土的抗压弹模接近设计要求的 30GPa，全级配混凝土的抗压弹模在 33GPa 左右。

（14）全级配混凝土 90d 龄期的抗压强度（32.7MPa）、抗拉强度

（2.1MPa）、极限拉伸值（65MPa）分别为湿筛混凝土的 80%、74%、64% 左右，全级配混凝土的劈拉强度（2.25MPa）、抗压弹模（34.5GPa）分别为湿筛混凝土的 119%、115% 左右，全级配混凝土 90d 龄期的干缩率（—168）为湿筛混凝土的 45%，全级配混凝土 70d 龄期自生体积收缩变形（$-42\times10^{-6}$）为湿筛混凝土的 67%。

# 第 3 章
# 大坝混凝土备仓工程

## 3.1 模板工程

### 3.1.1 概述

某山口拱坝混凝土工程使用的模板主要是悬臂翻升钢模板、组合钢模板、竹木胶合板等。大坝上下游面，采用悬臂翻升钢模板；横缝采用带键槽的悬臂翻升钢模板和止水带模板；竹木胶合板等面板形式应用于泄洪表孔闸墩、泄洪深孔启闭机室内外墙等部位。泄洪深孔进水口采用覆膜胶合板的定型木模板；表孔溢流面采用可调式钢模板；大坝倒悬面使用内拉式大模板；廊道采用定型钢木组合模板；表孔闸墩墩头采用内覆膜胶合板的曲面模板。各部位模板使用见表 3.1。

表 3.1 大坝模板形式一览表

| 序号 | 部位 | 模板形式 | 备注 |
|------|------|----------|------|
| 1 | 大坝基础混凝土 | 组合钢模板（木模补缺） | 外购 |
| 2 | 大坝上、下游面 | 悬臂翻升钢模板 | 自制 |
| 3 | 大坝横缝面 | 带键槽的悬臂翻升钢模板 | 自制 |
| 4 | 坝体廊道 | 钢木组合模板，局部交叉部位为异型木模 | 自制 |
| 5 | 泄洪深孔进水口喇叭口顶板 | 定型木模板，板面贴覆膜胶合板 | 自制 |
| 6 | 泄洪深孔出口 | 悬臂翻升钢模板，板面贴覆膜胶合板 | 自制 |
| 7 | 泄洪深孔进口闸墩 | 曲面和平面钢木组合模板，板面贴覆膜胶合板 | 自制 |
| 8 | 表孔溢流面 | 可调式钢模板 | 自制 |
| 9 | 表孔闸墩 | 悬臂翻升钢模板、局部用组合钢模板和木板补缺，板面均贴覆膜胶合板 | 自制 |
| 10 | 坝后马道、泄洪深孔、表孔等倒悬部位 | 内拉式大模板 | 自制 |
| 11 | 弧门支承大梁 | 定型钢木组合模板，对不同的部位分别用钢桁架、型钢、脚手架钢管等支撑 | 自制 |

| 序号 | 部位 | 模板形式 | 备注 |
|---|---|---|---|
| 12 | 电梯井 | 整体提升模板 | 自制 |
| 13 | 表孔、泄洪深孔检修门槽 | 木模板 | 自制 |
| 14 | 泄洪深孔启闭机室内外墙、顶面 | 板梁柱采用钢木组合模板，内贴覆膜胶合板。钢管支撑架 | 自制 |
| 15 | 油泵房、配电室、电梯机房 | 板、梁、柱采用钢木组合模板 | 自制 |
| 16 | 坝基集水井、集水井泵房、观测间、电梯井楼梯间、电缆井 | 钢木组合模板 | 自制 |
| 17 | 门机轨道梁、坝顶公路梁 | 异型组合钢木模板 | 自制 |

根据不同使用部位和使用条件对模板使用的要求，山口拱坝工程使用模板有以下几种类型。

（1）组合钢模板：其一用于大坝基础混凝土基岩面以上 3～4m 范围内，主要是为悬臂翻升钢模板的使用创造条件；其二用于不适宜采用悬臂翻升钢模板的部位，如牛腿模板、孔洞的侧墙、顶板模板等；其三用作悬臂翻升钢模板的局部使用补充。

（2）悬臂翻升钢模板：该工程使用最广泛的一种模板，主要使用于坝体上下游面。

（3）大坝横缝面：采用带键槽的悬臂翻升钢模板。

（4）坝体廊道：坝体水平廊道及爬坡廊道采用定型钢木组合模板，交叉部位采用异型木模板施工。

（5）承重模板：主要有牛腿内拉式承重模板，启闭机室支撑大梁模板，泄洪深、表孔封顶模板等。

（6）补缝木模：主要用于基岩面补缝模板及局部不采用钢模的部位。

（7）整体提升模板：用于电梯井。

专用模板、定型钢木组合模板：用于泄洪深孔挑流反弧段、泄洪深孔进口喇叭口等部位施工。可调式钢模板：用于表孔溢流面。

## 3.1.2　模板制作

模板的制作应满足施工图要求的建筑物结构外形，其制作允许偏差见表 3.2。

表 3.2　模板制作的允许偏差

| 偏差项目 | 允许偏差（mm） |
|---|---|
| 一、木模板 | |
| 小型模板：长和宽 | ±2 |

续表

| 偏差项目 | | 允许偏差（mm） |
|---|---|---|
| 大型模板（长、宽大于 3m）：长和宽 | | ±3 |
| 大型模板对角线 | | ±3 |
| 模板面平整度 | 相邻两板面高差 | 0.5 |
| | 局部不平（用 2m 直尺检查） | 3 |
| 面板缝隙 | | 1 |
| 二、钢模板、复合模板及胶木（竹）模板 | | |
| 小型模板：长和宽 | | ±2 |
| 大型模板（长、宽大于 2m）：长和宽 | | ±3 |
| 大型模板对角线 | | ±3 |
| 模板面局部不平（用 2m 直尺检查） | | 2 |
| 连接配件的孔眼位置 | | ±1 |

### 3.1.3　模板安装与拆除

（1）模板安装必须按照设计提供的施工详图测量放样，重要结构应多设控制点，以利检查校正。模板及其支架在安装过程中，必须设置足够防倾覆的临时固定设施。模板安装的允许偏差规定：一般大体积混凝土模板安装的允许偏差详见表 3.3。一般现浇结构模板安装允许偏差详见表 3.4。预制构件模板安装的允许偏差详见表 3.5。

表 3.3　混凝土模板安装的允许偏差　　　　单位：mm

| 偏差项目 | | 混凝土结构的部位 | |
|---|---|---|---|
| | | 外露表面 | 隐蔽内面 |
| 模板平整度 | 相邻两面板错台 | 2 | 5 |
| | 局部不平（用 2m 直尺检查） | 5 | 10 |
| 面板缝隙 | | 2 | 2 |
| 结构物边线与设计边线 | 外模板 | 0/−10 | 15 |
| | 内模板 | +10/0 | |
| 结构物水平截面内部尺寸 | | ±20 | |
| 承重模板标高 | | +5/0 | |
| 预留孔洞 | 中心线位置 | 5 | |
| | 截面内部尺寸 | +10/0 | |

**表 3.4　一般现浇结构模板安装的允许偏差**　　　　单位：mm

| 项　目 | | 允许偏差 |
|---|---|---|
| 轴线位置 | | 5 |
| 底模上表面标高 | | +5<br>0 |
| 截面内部尺寸 | 基础 | ±10 |
| | 柱、墙、梁 | +4<br>−5 |
| 层高垂直 | 全高≤5m | 6 |
| | 全高>5m | 8 |
| 相邻两面板高差 | | 2 |
| 表面局部不平（用 2m 直尺检查） | | 5 |

**表 3.5　预制构件模板安装的允许偏差**　　　　单位：mm

| 偏差项目 | | 允许偏差 |
|---|---|---|
| 长度 | 板、梁 | ±5 |
| | 薄腹梁、桁架 | ±10 |
| | 柱 | (0, −10) |
| | 墙板 | (0, −5) |
| 宽度 | 板、墙板 | (0, −5) |
| | 梁、薄腹梁、桁架、柱 | (+2, −5) |
| 高度 | 板 | (+2, −3) |
| | 墙板 | (0, −5) |
| | 梁、薄腹梁、桁架、柱 | (+2, −5) |
| 板的对角线差 | | 7 |
| 拼板表面高低差 | | 1 |
| 板的表面平整度（2m 以上） | | 3 |
| 墙板的对角线差 | | 5 |
| 侧向弯曲 | 梁、柱、板 | $L/1000$ 且 ≤15 |
| | 墙板、薄腹梁、桁架 | $L/1500$ 且 ≤15 |

注：$L$ 为构件长度（mm）。

（2）安装模板时应使浇筑块与相邻块、上下层坝面和廊道接头部位平顺光滑，板面间隙小于 2mm，不得出现错台、挂帘或漏浆现象。

（3）混凝土浇筑成型后的偏差不应超过模板安装允许偏差的 100％。

（4）混凝土浇筑过程中，必须有专人负责检查、调整模板的形状及位置。模板如有变位情况，应及时采取措施调整校正，必要时停止混凝土浇筑。

（5）模板在每次使用前应清理干净，涂刷保护涂料时，不得影响混凝土质量。

（6）模板的拆除需满足设计图纸和规范的要求。低温季节应适当推迟拆模时间。

（7）拆模作业必须使用专门工具，并采取适当措施，避免对混凝土及模板的损伤。

（8）除符合施工图纸的规定外，构筑物模板拆除时还应遵守下列规定：

① 不承重侧面模板的拆除，应在混凝土强度达到 2.5MPa 以上，并能保证其表面及棱角不因拆模而损坏时，方可拆除。

② 钢筋混凝土结构承重模板，在墩、墙和柱部位在其强度不低于 3.5MPa 时，方可拆除。顶拱、底模应在混凝土强度达到表 3.6 的规定后，方可拆除。

**表 3.6　现浇结构拆模时所需混凝土强度**

| 结构类型 | 结构跨度（m） | 按设计的混凝土强度标准值的百分率计（%） |
|---|---|---|
| 梁、拱、壳 | ≤8 | 75 |
| | >8 | 100 |
| 悬臂构件 | ≤2 | 75 |
| | >2 | 100 |
| 板 | ≤2 | 50 |
| | >2，≤8 | 75 |
| | >8 | 100 |

## 3.1.4　组合钢模板

1. 组合钢模板配板设计原则

（1）尽可能选用大规格的钢模板作为主板，其他规格的钢模板作为补充。

（2）钢模板排列方向要慎重考虑，一般以钢模板长边沿着构件的长方向排列，这种排法称为横排，有利于使用长度较大的钢模板，扩大钢模板的支承跨度，也有利于钢楞或桁架的合理布置。模板端头接缝错开布置，以增加模板的整体刚度。

（3）同一条拼缝上的 U 形卡不朝同一方向卡紧。

（4）合理使用转角模板。对于构造上无特殊要求的转角，可以不用阳角模板，而采用连接角模。一般应避免钢模板的边肋直接与混凝土面接触，以利拆模。

2. 组合钢模板安装质量要求

模板安装好后，要进行质量检查，检查合格，才能进行下一步工序。除检测模板安装偏差外，还应检查下列内容：

（1）连接件的紧固情况。

（2）对拉螺栓、围檩及支柱的间距。

（3）支柱、斜撑的着力点。

（4）模板结构的整体稳定性。

3. 组合钢模操作工艺

组合钢模主要是在现场拼装，其使用一般有三种方式：一是使用于起始仓（如基岩仓、结构上需要错台阶的仓等）；二是使用于上升仓；三是作为承重顶板面板。

4. 组合钢模拼装方法

（1）起始仓立模。起始仓立模方法很多，以最常见方法来说明钢模板的使用方法（以模板横向放置为例）：①施工放样；②先立2～3块模板；③上竖围檩及底脚横围檩；④延伸并加高；⑤整标准，上拉条；⑥收尾；⑦浇筑值班、预埋插筋（拉环）。

（2）上升仓立模。上升仓立模与起始仓立模大同小异，其主要区别在于上升仓立模是边拆边立，中间多了一个拆模的环节。拆模时主要在仓外作业，施工时必须系好安全绳，拴好安全带，戴好安全帽。上升立模的拆立模环节：①拆模时先拆螺栓，再拆横围檩；②松开竖向围檩并将其固定在上口露头螺杆处；③拆钢模板并加高，再上好横围檩；④其后程序均与起始仓立模相同。

## 3.1.5　悬臂翻升钢模板

1. 悬臂翻升钢模板的分类

山口拱坝工程使用的悬臂翻升钢模板，主要用于大坝上、下游面和大坝横缝面。按照模板类型可分为平面、键槽模板两种形式。大坝为双曲拱坝，坝体沿垂直和水平方向的曲率都在不断地变化，根据拱坝体形图纸，坝面采用3.0m×3.0m模板可满足坝形要求。依照这些特征，设计采用悬臂翻升平面钢模板，以折代曲，将误差控制在水工规范允许的范围内。

2. 悬臂翻升模板构造

悬臂模板由面板、支撑系统、连接件和锚固件组成。悬臂翻升钢模板构造如图3.1所示（以平面模板为例）。

（1）面板：平面面板采用5mm厚钢板面板与4mm厚钢板筋板焊接形式。每种面板均按相同的孔眼模数在四边设有连接孔，在面板上布置了6个锚筋孔。

（2）键槽：键槽模板基本与平面模板相同，不同之处是在平面模板上增加了键槽，键槽根据横缝结构进行设计。

（3）支撑系统：主要由工作平台、横围檩、竖围檩、后桁架、连接杆等

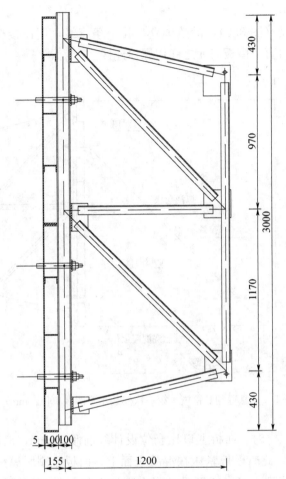

图 3.1　3m×3m悬臂翻升钢模板构造图（单位：mm）

组成。

（4）连接件：连接件主要为螺栓，用于模板间连接。

（5）锚固件：主要由套筒螺栓、拉条和锚筋组成，承担模板所受混凝土侧压力。

3.悬臂翻升模板的安装

（1）起始仓模板安装

① 当坝体建基面找平后开始安装 3m×3m 悬臂翻升钢模板，6 个套筒螺栓全部采用拉条固定，下部 2 个套筒螺栓用 φ48mm 钢管进行支撑。

② 从仓位末端或仓位转角处开始，根据模板配板图将组装好的模板依次挂到混凝土面上，第一次模板立模时，应使用水平仪和铅垂线，以保证立模时模板水平、垂直。

（2）模板调节

模板悬挂好后（图3.2），沿整个仓位拉一条直线，用连接杆调节模板倾斜度，将模板校正对直。模板单元之间用螺栓连接。

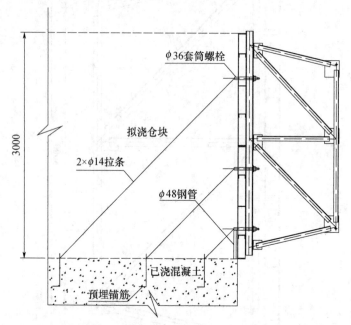

图3.2 悬臂翻升钢模板第一次安装示意图（单位：mm）

模板第一次立模时，面板上口比仓位设计线前倾10mm，以后各次立模时，将面板前倾6mm。此时模板紧压在混凝土面上，面板涂刷脱模剂，脱模剂涂刷前应将模板面板清理干净，特别是黏附在面板上的砂浆，脱模剂涂刷要均匀一致。拉条两头分别与套筒螺栓上的连接头和预埋锚筋焊接牢固，拉条一般按45°布置，预埋锚筋采用Φ20钢筋，长度70cm，埋入混凝土不小于60cm。

（3）模板安装验收合格后，即可交付混凝土浇筑。浇筑过程中注意避免吊罐撞击模板。

（4）第二层模板安装

第一层浇筑完成后，将第二层模板直接立于第一层模板上，采用螺栓进行连接，后桁架采用连接杆连接并调整上层模板倾斜度。

（5）模板翻升

第二层浇筑完成后，拆模、提升模板并安装于第二层模板上：

① 将钢丝绳挂在吊车吊钩上并将另一端固定于模板吊耳上；

② 松开模板后桁架连接杆；

③ 松开面板之间的连接螺栓；

④ 松开套筒螺栓外部螺母，旋出套筒螺栓；

⑤ 提升模板并立于上层模板之上；

⑥ 连接后桁架连接杆并调整模板倾斜度；

⑦ 面板之间螺栓连接；

⑧ 焊接拉条；

⑨ 刮掉模板表面黏附混凝土，用水将模板表面冲洗干净涂刷脱模剂，完成仓面准备工作（图3.3）。

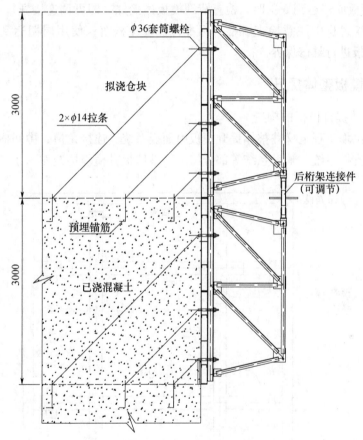

图 3.3 悬臂翻升钢模板第一次翻升示意图

依此类推进行第三层及以上浇筑层的模板翻升安装施工。

4. 悬臂翻升模板主要技术参数及使用注意事项

（1）模板技术参数如下：

① 模板（3.0m升层）承受最大混凝土侧压力为 27kN/m²。

② $\phi$14 拉条拉拔力 32kN。

（2）模板使用过程中，必须严格遵守操作规程并应注意以下事项：

①调节模板倾斜度时，应同时旋动两根连接杆，以保证模板调节一致。

②每层混凝土开始浇筑前，模板面板必须清理干净并涂刷脱模剂，严禁脱模剂接触预埋锚筋、钢筋及止水。

③用振捣器振捣边侧混凝土时，防止振捣器碰撞模板及预埋锚筋，以免锚筋松动。

④混凝土浇筑时，应分层对称下料，并注意混凝土不得直接冲击模板。

⑤现场设置安全标识，模板提升安装时，下方严禁作业和通行。

⑥模板周转达到5次时，检查清理模板连接件（即可调连接杆），上润滑油一次，施工过程中注意检查螺栓、标准件，以免松落；使用周期达到30次时，必须对模板进行维修保养。

### 3.1.6　模板整体提升

1. 整体提升模板的构造

山口拱坝工程电梯井整体提升模板由面板系统、连接角模、中间框架支撑系统、锚固支撑系统、辅助系统等部分组成。整体提升模板构造如图3.4所示。

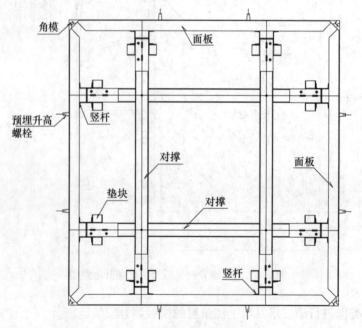

图3.4　整体提升模板平面构造图

2. 整体提升模板施工工序

整体提升模板的施工工序如下：

模板组装成形→起始仓锚固系统埋设→模板吊装就位→锚固螺栓拧紧→角模

到位→模板面板调整→角模固定→上层锚固系统预埋→混凝土浇筑→角模螺栓拆除→面板脱模→角模拆除→模板提升→上层锚固螺栓到位→模板吊装就位→依次循环。

3. 整体提升模板安装与拆除

（1）模板使用准备

模板使用准备包括模板组装拼装成形、模板试调节、起始仓锚筋埋设等。模板加工拼装完成后运至现场，组装时先将面板、竖围檩拼装成整体，中间框架系统拼装成整体，再将面板系统与框架系统进行拼接，拼装后进行试调节，按照吊物井孔口尺寸调整好面板位置后，再将封角模板安装固定上去，看四周缝隙封闭情况，调整好的模板系统就近待用。起始仓锚筋埋设时为保证埋设精度，加工专用锚锥模具木条进行埋设，以保证锚锥在埋设高度、水平度、水平尺寸位置上准确无误，一套模板埋设好的锚锥共 8 个，埋设位置距收仓面高度为 30cm。

（2）模板吊装就位、调整使用

整体提升模板组合拼装调整好后，准备吊装就位。在吊装前，将四个角的角模拆下，面板收拢，将框架底部下挂的操作平台装好，然后在竖井锚锥部位进行挂装，挂装锚锥的锚固螺栓先不拧紧，在框架底部的挂板对位挂装好后，施工人员站在底部下挂的操作平台上使用专用工具将锚固螺栓上紧，并上好安全防护销。

提升模板挂装到位并上紧锚固螺栓后，开始进行面板系统的调节，面板系统的调节首先通过面板竖围檩底部的销轴移动来实现。将调节楔铁插入连接模块外侧的长条形孔内，慢慢敲打楔铁，使面板下口向混凝土壁面移动，直至抵紧为止。在面板与混凝土壁面抵紧前将四角角模放到位，面板下口抵紧后再调节框架上层撑杆两端的螺栓丝杆，按照孔口尺寸和垂直度，将面板上口位置调节到位，最后将角模与面板之间的连接钩头螺栓拧紧，将上一层的预埋锚筋通过锚锥、螺栓固定在面板上部的预埋孔上。

混凝土浇筑时，模板四周应均匀对称下料和振捣，全部安装调整工序完成后在面板外表面涂刷脱模剂待用。浇筑振捣过程中，注意观察面板、框架的变化，发现有移位的要及时进行调整。对于上升速度快或单侧下料的仓位可在面板竖围檩上口加设对拉钢筋管，以进一步增加模板的稳定性。仓面收仓时，模板周围的收仓面应比仓内其他仓面略高一些，或将仓面收在距模板上口以下 5cm 左右处，以避免仓内冲毛水流入井内。

（3）模板拆除、提升

混凝土浇筑后 7d 左右，开始进行模板拆除提升工作，拆除前先松开四角角模的连接钩头螺栓，再拆下面板上部的锚锥预埋螺栓，调节框架上层撑杆两端的丝口螺栓，使面板上口慢慢脱离混凝土壁面。而后用仓面吊车将模板挂在吊钩上，由操作人员下到框架底部下挂的平台上，反方向敲打框架下层平台两端连接模件上的楔铁，将楔铁拔出后插入内侧的孔内敲打楔铁，使面板下口向内收拢逐渐脱离混凝土面，最后取出四周角模，取出锚固螺栓安全销，松开锚固螺栓，提升吊车吊钩，将模板整体提升，在上一层锚固螺栓上好后挂在上一层的锚固螺栓上，完成模板提升的循环过程。

### 3.1.7　泄洪深孔顶板（启闭机平台）承重模板

1. 模板形式

封顶支撑采用 $\phi 48mm \times 3.5mm$ 钢管承重排架。在 $\phi 48mm \times 3.5mm$ 钢管上安装柱帽后，左右向摆放 I12 工字钢和 $10cm \times 12cm$ 方木，工字钢（方木）与柱帽间用硬木楔子调节，调节到位后，在工字钢（方木）上摆放封顶木桁架，用铁丝将封顶木桁架和工字钢（方木）绑牢，顺流向相邻两榀木桁架用木夹板连接成整体。封顶木桁架左右向用 $5cm \times 10cm$ 方木布置水平连接杆和剪刀撑杆，将木桁架左右向连接成整体。

2. 封顶钢管承重脚手架搭设技术要求

（1）脚手架为落地承重脚手架。

（2）脚手架采用 $\phi 48mm \times 3.5mm$ 钢管搭设，脚手架立杆加高使用对接卡连接，立杆接头不允许设在同一层，必须间隔错开 2.0m，立杆的垂直偏差按架高的 1/400 控制，全高偏差不大于 10cm，横杆与立杆连接采用十字卡连接。

（3）脚手架横杆加长使用万向卡连接，接头采用搭接形式，搭接长度不小于 80cm，连接扣件不得少于 2 个，同时接头不允许在同一断面，应错开 2m 以上。

（4）脚手架的钢管不能弯折，连接扣件必须完好，否则不得使用，连接扣件的螺母必须垫垫圈。

（5）脚手架立杆底部用铁板及铁楔子垫脚塞紧后与立杆底部焊接在一起，以防损坏底板过流面。

（6）脚手架连墙小横杆采用与 $\phi 30mm$ 螺杆焊接时，必须保证焊接质量，$\phi 30mm$ 螺杆旋入挂锥孔不小于 4cm。

（7）为增强顺流向稳定，防止脚手架底脚向上游滑动，利用门槽插筋焊 $\phi 16mm$ 拉条拉住脚手架靠下游的一排立杆底脚；为防止顶板混凝土向下游推动脚手架，在脚手架上部 4 层水平杆的位置布置向上游的八字撑，八字撑与脚手架横杆和立杆连接使用万向卡，且每根八字撑上的扣件不少于 5 个。

（8）脚手架结构中扫地杆必须按要求搭设，即扫地杆离地面距离不得大于 20cm。

（9）脚手架的左右向横杆一端必须抵在中墩侧墙上，另一端与木桁架模板抵紧。

（10）脚手架爬梯材料可以采用 $\phi32mm$ 钢管焊接的简易爬梯，人行交通通道部位要铺满跳板。

（11）在脚手架工作范围内要铺满跳板，并设置栏杆，形成安全的施工操作平台，竹跳板与排架钢管必须绑扎牢固。

（12）脚手架最上游及最下游临空立面挂设安全网。

（13）脚手架搭设、拆除作业前必须检查安全防护工具（如"双保险"等），不符合安全规定的不得使用，作业时必须正确佩戴"双保险"，搭设、拆除必须设置安全哨，做好安全标识，防止行人进入作业区下方。

### 3.1.8　牛腿内拉式承重模板

1. 牛腿内拉式模板构造

内拉式大模板由钢面板、支承桁架、工作平台、平衡配重块和内拉承重系统组成。面板与多卡悬臂模板相同。工作平台用角钢和钢管、钢板网制作，可随模板倾斜角度情况调平。配重块由预制钢筋混凝土块做成。内拉承重系统由蛇形钢筋柱或型钢和钢筋拉条、锚筋等组成。

2. 牛腿承重模板施工

在浇筑仓位先预埋蛇形钢筋柱、锚筋，焊钢筋柱与锚筋之间带花篮螺栓的钢筋拉条。用仓面吊车或缆机，吊起模板，调整模板后边的配重位置，使模板面与倒悬体斜面坡度相同。将模板对准在已浇混凝土中预埋的定位锥，徐徐落下，然后拧紧定位锥螺栓，焊紧模板顶部拉条套筒和钢筋柱之间的带花篮的钢筋拉条。拧紧模板上的拉条套筒螺栓，摘掉吊车吊钩。调整花篮螺栓使模板接近施工精度要求。焊模板与钢筋立柱之间的其他钢筋拉条。特别注意的是，由于模板及钢筋立柱、钢筋拉条在混凝土浇筑时会产生弹性变形，模板安装时应内收，根据曾经的使用经验，内收量控制为 3～5mm。

3. 牛腿起始仓模板的安装方法

在立面混凝土中按控制高程，预埋锚锥及锚筋系统，收仓后在预埋的锚锥中安装长螺杆，利用螺栓固定方木做支承体，然后在方木上钉斜面三角木，三角木的斜面与倒悬体坡面大约垂直，再用前述的方法，在三角木的斜面上安装模板，模板底脚用预埋的螺栓固定。该仓施工时，模板上口预埋的锚锥及锚筋作为下一仓的定位锥使用。

4. 牛腿模板的拆除

仓面吊车或缆机用钢丝绳吊紧模板，松开固定模板的螺栓，撬动模板，使其与混凝土面脱离后，吊走模板。拆起始仓模板时，利用模板上的工作平台拆除底脚方木支承体及固定螺栓。

5. 施工质量安全保证措施如下：

（1）模板安装、拆卸时，下方严禁作业和通行。

（2）为了将模板受力后的变形控制在规定的范围内，模板拉杆焊接牢固可靠。

（3）该部位钢筋立柱高，拉条钢筋多，为防止吊罐撞上钢筋立柱，发生意外，和避免高空下料混凝土冲击拉条，应控制混凝土下料速度。

（4）拉杆附近采用人工平仓，振捣时，振捣器避免碰撞定位锥，以防定位锥变形。

（5）安装模板时，固定好模板上部拉条和拧紧底脚螺栓，经检查后脱钩。在吊模板的过程中，起、降吊钩做到慢、稳。

（6）拆该部位模板时，及时检查混凝土面，对有缺陷之处，利用内拉式大模板上的工作平台及时处理好，及时将不用的埋锥孔按技术要求处理好。

（7）模板后面的支架上安装安全网，到工作平台上施工的人员认真系好安全带、安全绳，模板拆装过程中，有专职安全员全过程监控，立好的倒悬模板除进行施工仓位验收外，安全部门进行倒悬模板系统的安全验收，确保倒悬体的施工优质安全。

### 3.1.9　表孔溢流面弧形可调模板

1. 表孔溢流面弧形可调模板构造

表孔溢流面弧形可调模板平面尺寸 3m×4m，由面板、横围檩、竖围檩及后桁架、调节螺杆 4 个部分组成（图 3.5）。面板采用 5mm 钢板，每块模板开 40cm×40cm 下料口 4 个，横围檩及竖围檩采用 ⊏10，后桁架采用 L50×5，面板采用 M25 螺杆进行调节，可根据混凝土设计线进行调节，面板可形成正弧、反弧及直面。

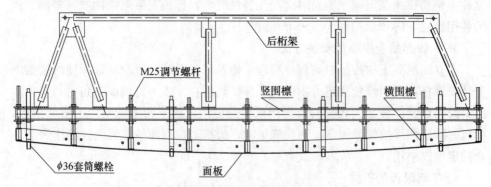

图 3.5　表孔溢流面弧形可调模板构造图（单位：mm）

2. 表孔溢流面施工

表孔溢流面混凝土施工时，首先从反弧段开始施工，根据反弧段设计线对模板进行调节，使其面板弧度与设计线相同。可调模板下方采用 $\phi 48mm$ 钢管进行支撑，$\phi 12mm$ 拉条固定于已浇筑混凝土面预埋锚筋上，混凝土浇筑从低处开始，从模板预留下料口下料，模板预留下料口部位混凝土浇满后对其进行封堵，并从上一层下料口伸入振捣棒进行振捣，直至混凝土浇筑完成。溢流面混凝土为抗冲耐磨高强混凝土，因此成型后的溢流表面要及时洒水养护和做好保温工作。

## 3.2　钢筋工程

### 3.2.1　概述

（1）钢筋质量标准及进场要求

① 本工程钢筋混凝土常用的钢筋为热轧 HPB300 级、HRB335 级，其中 HPB300 级为光圆钢筋，HRB335 级为热轧带肋钢筋。其性能应符合国家标准《钢筋混凝土用钢 第 1 部分 热轧光圆钢筋》（GB/T 1499.1）和《钢筋混凝土用钢 第 2 部分 热轧带肋钢筋》（GB/T 1499.2）的规定。

② 钢筋每一批号都应附有产品质量证明书和出厂检验单。需要焊接的钢筋应做好焊接工艺试验。批号不明的钢筋，经拉力、冷弯试验合格后方可使用，但不能在承重结构的重要部位上应用。

③ 钢筋应分批取样试验，以 60t 同一炉（批）号，同一规格尺寸的钢筋为一批，不足 60t 也应按一批进行检验。

④ 根据钢筋生产厂家提供的钢筋质量证明书检查每批钢筋的外观质量（如裂缝、结疤、麻坑、气泡、砸碰伤痕及锈蚀情况等），并测量每批钢筋的代表直径。

（2）钢筋抽样检测

① 在每批钢筋中，随意选取经表面检查和尺寸测量合格的两根钢筋，分别作为一个抗拉试件和一个冷弯试件，在拉力试验项目中，应包括屈服点、抗拉强度和伸长率三个指标，如有一个试验项目的一个试件不符合所规定的数值时，则另取两倍数量的试件，对不合格的项目做第二次试验，如还有一个试件不合格，则该批钢筋即不合格。冷弯试验弯曲后，不得有裂纹、剥落或断裂。

② 钢筋取样时，钢筋端部要先截掉 50cm，再取试样，每组试样要分别标记，不得混淆。

③ 对批号不明的钢筋进行试验，其抽样数量不得少于 6 组。

④ 水工结构非预应力混凝土中，不得使用冷拉钢筋。

（3）钢筋必须按不同等级、牌号、规格及生产厂家分批验收、分别堆存，不得混杂，且应挂牌以便识别，标牌上须注明厂标、钢号、产品、批号、规格、尺寸等项目，运输和储存时不得损坏和遗失标牌。钢筋露天堆置时，应垫高并加遮盖。

（4）在贮存、运输过程中应避免锈蚀和污染。已加工成形的钢筋运输时不宜过多，以免堆压吊装时变形。钢筋进入现场后应尽快进仓。其他重物不得放置在钢筋上。钢筋应放置在较平整的位置，并不得与酸、盐、油等物品存放在一起，堆放地点远离有害气体，以防止钢筋锈蚀或污染。

### 3.2.2 钢筋配料与代换

（1）钢筋配料应根据设计图纸和修改通知、浇筑部位的分层分块图、混凝土的入仓方式、钢筋运输、安装方法和接头形式等要求，先绘出各种形状和规格的单根钢筋简图并加以编号，然后分别计算钢筋下料长度和根数，填写配料单，申请加工。

（2）钢筋因弯曲或弯钩会使其长度变化，在配料中不能直接根据图纸尺寸下料；必须了解对混凝土保护层、钢筋弯曲、弯钩等相关规定，再根据图中尺寸计算其下料长度。各种钢筋下料长度计算如下：

直钢筋下料长度＝构件长度－保护层厚度＋弯钩增加长度

弯起钢筋下料长度＝直段长度＋斜段长度－弯曲调整值＋弯钩增加长度

箍筋下料长度＝箍筋周长＋箍筋调整值

以上钢筋下料长度的计算要计入钢筋的焊接、绑扎需要的长度。常用数值参见表 3.7～表 3.9。

表 3.7　钢筋对焊接头缩短值

| 钢筋直径（mm） | $\phi16$ 以下 | $\phi19\sim\phi25$ | $\phi28$ 以上 |
|---|---|---|---|
| 缩短值（mm） | 20 | 25 | 30 |

表 3.8　钢筋搭接焊接长度

| 焊接类型 | HPB300 级 | HRB335、HRB400 级 |
|---|---|---|
| 双面焊 | $4d$ | $5d$ |
| 单面焊 | $8d$ | $10d$ |

注：$d$ 为钢筋直径。

**表 3.9　钢筋绑扎最小搭接长度**

| 项次 | 钢筋类型 | | 混凝土强度等级 | | | | | | | | | |
|---|---|---|---|---|---|---|---|---|---|---|---|---|
| | | | C15 | | C20 | | C25 | | C30、C35 | | >C40 | |
| | | | 受拉 | 受压 | 受拉 | 受压 | 受拉 | 受压 | 受拉 | 受压 | 受拉 | 受压 |
| 1 | HPB300 级钢筋 | | 50d | 35d | 40d | 25d | 30d | 20d | 25d | 20d | 25d | 20d |
| 2 | 月牙纹 | HRB335 | 60d | 45d | 50d | 35d | 40d | 30d | 40d | 25d | 30d | 20d |
| | | HRB400 | | | 55d | 40d | 50d | 35d | 40d | 30d | 35d | 25d |
| 3 | 冷轧带肋钢筋 | | | | 50d | 35d | 40d | 30d | 35d | 25d | 20d | |

注：1. d 为钢筋直径；
　　2. 月牙纹钢筋直径大于 25mm 时，最小搭接长度应按表中数值增加 5d；
　　3. 表中 HPB300 级钢筋最小锚固长度值不包括端部弯钩长度。当受压钢筋为 HPB300 级钢筋时，
　　　　其搭接长度不应小于 30d；
　　4. 如在施工中分不清受拉或受压区时，搭接长度按受拉区处理。

（3）钢筋弯曲后长度调整值。钢筋弯曲后在弯曲处内皮收缩、外皮延伸、轴线长度不变。钢筋的量度方法是对于架立筋和受力筋量外包尺寸，箍筋量内皮，下料则量中心线（图 3.6）。因此，弯起钢筋的量度尺寸大于下料尺寸，两者之间的差值称为弯曲调整值。弯曲调整值，根据理论推算并结合实践经验，列于表 3.10。

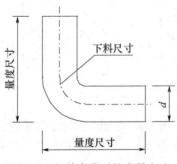

图 3.6　钢筋弯曲时的度量方法

**表 3.10　钢筋弯曲调整值**

| 钢筋弯曲角度（°） | 30 | 45 | 60 | 90 | 135 |
|---|---|---|---|---|---|
| 钢筋弯曲调整值 | 0.35d | 0.5d | 0.85d | 2d | 2.5d |

注：d 为钢筋直径。

（4）弯钩增加长度。钢筋的弯钩形式有半圆弯钩、直弯钩及斜弯钩（图 3.7）。钢筋弯钩增加长度，按图 3.7 所示的计算简图（弯心直径为 2.5d、平直部分为 3d）计算，其计算结果：对半圆弯钩为 6.25d，对直弯钩为 3.5d，对斜弯钩为 4.9d。在实际配料计算时，对弯钩增加长度常根据具体条件采用经验

数据，见表 3.11。

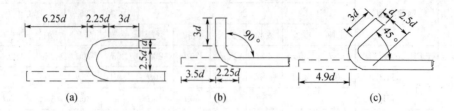

图 3.7 钢筋弯钩计算简图

（a）半圆弯钩；（b）直弯钩；（c）斜弯钩

表 3.11 半圆弯钩增加长度参考表（用机械弯）

| 钢筋直径（mm） | ≤6 | 8~10 | 12~18 | 20~28 | 32~36 |
|---|---|---|---|---|---|
| 一个弯钩长度（mm） | 40 | 6d | 5.5d | 5d | 4.5d |

（5）弯起钢筋斜长计算简图如图 3.8 所示，斜长系数见表 3.12。

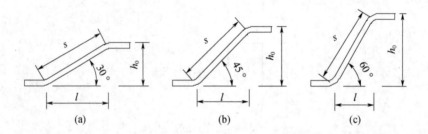

图 3.8 弯起钢筋斜长计算简图

（a）弯起角度 30°；（b）弯起角度 45°；（c）弯起角度 60°

表 3.12 弯起钢筋斜长系数表

| 弯起角度 | $\alpha=30°$ | $\alpha=45°$ | $\alpha=60°$ |
|---|---|---|---|
| 斜边长度 $s$ | $2h_0$ | $1.41h_0$ | $1.15h_0$ |
| 底边长度 $l$ | $1.732h_0$ | $h_0$ | $0.575h_0$ |
| 增加长度 $s-l$ | $0.268h_0$ | $0.41h_0$ | $0.575h_0$ |

注：$h_0$ 为弯起高度。

（6）箍筋调整值。箍筋调整值为弯钩增加长度和弯曲调整值两项之差或和，根据箍筋量外包尺寸或内皮尺寸而定（图 3.9 和表 3.13）。

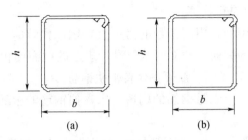

图 3.9　箍筋度量方法

（a）量外包尺寸；（b）量内皮尺寸

**表 3.13　箍筋调整值**

| 箍筋量度方法 | 箍筋直径（mm） | | | |
|---|---|---|---|---|
| | 4～5 | 6 | 8 | 10～12 |
| 量外包尺寸 | 40 | 50 | 60 | 70 |
| 量内皮尺寸 | 80 | 100 | 120 | 150～170 |

（7）配料计算的注意事项。

① 在设计图纸中，钢筋配置的细节问题没有注明时，一般可按构造要求处理。

② 配料计算时，应考虑钢筋的形状和尺寸，在满足设计要求的前提下应有利于加工安装，一般情况下，竖向钢筋配筋长度不小于 3.0m。

③ 配料时，应考虑施工需要的附加钢筋。如基础双层钢筋网中保证上层钢筋网位置用的钢筋撑脚，墙板双层钢筋网中固定钢筋间距用的钢筋撑铁，柱钢筋骨架增加四面斜筋撑等。

④ 配料时应根据钢筋连接形式增加接头长度，并考虑钢筋接头的位置及与弯折点的关系，在配料单上注明接头连接形式。

（8）配料单与料牌。

钢筋配料计算完毕，填写配料单。钢筋配料工作应根据施工进度提前一周将配料单送钢筋加工厂，钢筋较多或复杂的仓提前 10 天将配料单送钢筋加工厂。

列入加工计划的配料单，对每一编号的钢筋都应制作一块木料牌，作为钢筋加工的依据和质量追溯的标志。料牌正面写施工部位名称，钢筋生产厂家、批号，反面是钢筋加工简图、钢筋编号、直径、数量和长度。

（9）钢筋代换使用原则。

钢筋代换需经设计单位的同意，代换原则如下：

① 钢筋等级的变换不能超过一级。用高一级钢筋代替低一级钢筋时，宜采用改变钢筋直径的方法而不宜采用改变钢筋根数的方法来减少钢筋截面面积。钢筋的代换按《水工混凝土钢筋施工规范》（DL/T 5169—2013）有关钢筋代替规

定将两者的计算强度进行换算。

② 某种直径的钢筋，用同钢号的另一直径钢筋代替时，其直径变更范围不超过 4mm；变更后的钢筋总截面面积与设计规定的截面面积之比不得小于 98％或大于 103％。另外，光圆钢筋不得代替带肋钢筋。

③ 钢筋代换后，应满足钢筋的构造要求，如钢筋的根数、间距、直径和锚固长度等。

④ 以较粗的钢筋代替较细钢筋时，部分构件应校核握裹力。

⑤ 代用的钢筋层数不得多于原图纸规定的钢筋层数。

### 3.2.3 钢筋加工

（1）钢筋加工一般要经过四道工序：钢筋除锈、钢筋调直、钢筋截断、钢筋成形。当采用机械连接时，还要增加钢筋螺纹加工工序。

在钢筋加工之前，依据钢筋加工表合理安排下料，使钢筋的规格长度能够得以充分利用。

（2）钢筋的切断应在调直后进行。在切断配料过程中，如发现有劈裂、缩头或严重的弯头等必须切除。切断后的钢筋应分类堆放，并应防止生锈和弯折。切断后钢筋的长度应准确，其允许偏差：受力钢筋全长偏差±10mm，箍筋各部分长度的偏差±5mm。

（3）钢筋的弯曲成形

① 当 HPB300 级钢筋末端需做 180°弯钩时，其圆弧弯曲直径不应小于钢筋直径的 2.5 倍，平直部分长度不应小于钢筋直径的 3 倍。用于轻骨料混凝土结构时，其弯曲直径不应小于钢筋直径的 3.5 倍。

② 当 HRB335 级钢筋按设计要求弯转 90°时，其最小弯曲直径应符合下列要求：

a. 钢筋直径小于 16mm 时，最小弯曲直径为 5 倍钢筋直径；

b. 钢筋直径大于 16mm 时，最小弯曲直径为 7 倍钢筋直径；

c. 弯曲钢筋弯折处圆弧内半径应大于 12.5 倍钢筋直径；

d. 用圆钢筋制成的箍筋，其末端应有弯钩，弯钩长度应符合表 3.14 中的规定。

表 3.14　圆钢筋制成的箍筋其末端弯钩长度

| 箍筋直径（mm） | 受力钢筋直径（mm） | |
| --- | --- | --- |
| | ≤25 | 28~40 |
| 5~10 | 75 | 90 |
| 12 | 90 | 105 |

（4）加工后钢筋的允许偏差不得超过表 3.15 规定的数值。

**表 3.15 加工后钢筋的允许偏差**

| 序号 | 偏差名称 | | 允许偏差值 |
| --- | --- | --- | --- |
| 1 | 受力钢筋及锚筋全长净尺寸的偏差 | | ±10mm |
| 2 | 箍筋各部分长度的偏差 | | ±5mm |
| 3 | 钢筋弯起点位置的偏差 | 构件混凝土 | ±20mm |
| | | 大体积混凝土 | ±30mm |
| 4 | 钢筋转角的偏差 | | ±3° |
| 5 | 圆弧钢筋径向偏差 | 大体积 | ±25mm |
| | | 薄壁结构 | ±10mm |

## 3.2.4 钢筋运输与现场安装

1. 钢筋运输

加工成形的钢筋运输一般使用平板汽车，钢筋长度小于 3m 时可用自卸车运输，运输时按配料规格分类装车，按直筋在下，弯折筋在上，粗筋在下，细筋在上的原则装车，不宜过多，严防受压变形。卸车时仍按不同规格分类吊卸，使用自卸车运钢筋时严禁用自卸方式倾倒钢筋。

2. 安装前的准备工作

（1）熟悉施工图纸，核对钢筋加工配料单和料牌。

安装钢筋前应首先熟悉图纸，在熟悉图纸的过程中，核对钢筋加工配料单和料牌，并检查已加工成形的成品钢筋的规格、形态、数量、间距是否符合图纸要求，有没有错配和遗漏的地方。

（2）编制钢筋安装顺序。

钢筋绑扎与安装的主要工作内容依次为：放样画线，排筋绑扎，垫撑铁和预留保护层，检查校正钢筋位置、尺寸以及固定预埋件等。

对于结构比较复杂的钢筋安装工程，如溢流面、泄洪深孔的进水口、渐变段等部位的钢筋，必须预先编制好钢筋安装设计。

（3）做好机具、材料的准备。在钢筋安装、绑扎前，应准备好常用的绑扎工具：钢筋钩、吊线垂球、水平尺、麻线、长钢尺和钢卷尺，绑扎安装用的铁丝、垫保护层用的水泥砂浆垫块、撬杆、绑扎架等。

（4）钢筋安装和有关工种的配合。钢筋工程施工时与各工种（如模板工、架子工、混凝土工等）应事先协调施工顺序，以免造成返工。

3. 钢筋现场安装

（1）清点运输：将钢筋按先后安装的顺序，在施工现场清理点数。然后交给负责运输和安装的人员，送到工作面。担负运输工作的人员要按先后次序运输。现场操作人员按钢筋配料单校对钢筋编号、数量、规格及尺寸，做好安装准备工作。

（2）放线：依据测量点和施工图中钢筋位置放出钢筋实际位置线和高程，定出纵向和水平钢筋的位置，放线可利用已有钢筋或模板画线，也可在混凝土面上画线。

（3）按照放线结果，选择合适的几组钢筋作为样架钢筋，先把样架筋绑扎好并校对无误后加固，样架应满足所有钢筋绑扎后不变形和稳定性要求。

（4）钢筋应按施工图所示位置安装。除非施工图纸另有规定，否则钢筋的最小混凝土保护层（钢筋外边缘至混凝土表面的距离）应满足表 3.16 的要求。钢筋安装的偏差不得超过表 3.17 的规定。

表 3.16　钢筋最小保护层　　　　　　　　　　　　mm

| 结构 | 水下或地下混凝土 | 暴露在空气中的混凝土 |
|---|---|---|
| 板 | 50 | 25 |
| 厚度不大于 300mm 的墙 | 50 | 25 |
| 厚度大于 300mm 的柱和墙 | 60 | 50 |
| 厚度超过 1.2m 的大型截面 | 100 | 60 |

表 3.17　钢筋安装的允许偏差

| 项次 | 偏差名称 | | 允许偏差 |
|---|---|---|---|
| 1 | 钢筋长度方向的偏差 | | ±1/2 净保护层厚 |
| 2 | 同一排受力钢筋间距的局部偏差 | 柱及梁中 | ±0.5$d$ |
| | | 板及墙中 | ±10%间距 |
| 3 | 同一排中分布箍筋间距的偏差 | | ±10%间距 |
| 4 | 双排钢筋，其排与排间距的局部偏差 | | ±10%排距 |
| 5 | 梁与柱中钢筋间距的偏差 | | ±10%箍筋间距 |
| 6 | 保护层厚度的局部偏差 | | ±1/4 净保护层厚 |

注：$d$ 为钢筋直径。

（5）钢筋绑扎安装完毕之后，必须根据设计图和设计通知认真检查钢筋的钢号、直径、根数、间距等是否正确，特别要检查钢筋的位置是否正确，然后检查钢筋的搭接长度与接头位置是否符合有关规定，钢筋绑扎有无松动、变形，表面是否清洁，有无铁锈、油污等。钢筋安装的偏差是否在规范规定的允许范围内。在检查中如发现有任何不符合要求的，必须立即纠正。

（6）在仓面混凝土浇筑期间，钢筋网架上不能人群集中或放置施工重物，防止把钢筋网踩到构件下底面而造成质量事故或安全事故。如果出现钢筋位置移动或绑扎点松动，都必须及时纠正和修理复原。

4. 仓面钢筋接头的技术要求

（1）钢筋的接头应按设计要求施工，钢筋焊接处的屈服强度应为钢筋屈服强度的 1.25 倍。

（2）在加工厂内，钢筋的接头应采用闪光对头焊接，当不能进行闪光对焊时，采用电弧焊（搭接焊、帮条焊、熔槽焊等），钢筋有交叉连接，采用接触点焊，不采用手工电弧焊。

（3）现场竖向或斜向（倾斜度在 1：0.5 的范围内）钢筋的焊接，采用接触电渣焊。现场焊接钢筋的直径在 28mm 以下时，用手工电弧焊（搭接）；直径在 28mm 以上时，采用熔槽焊或帮条焊。

（4）钢筋直径在 25mm 以下的钢筋接头，可采用绑扎接头。轴心受拉，小偏心受拉构件和承受振动荷载的构件中，钢筋接头不得采用绑扎接头。

（5）受力钢筋接头的位置应相互错开。当采用绑扎接头时在任一搭接长度的区段内或采用焊接头时在 35d（d 为钢筋直径），且不小于 500mm 的区段内，有接头的钢筋截面面积占钢筋总截面面积的百分率，应遵守表 3.18 的规定。

**表 3.18　受力钢筋接头面积的允许百分率**

| 项次 | 接头形式 | 接头面积允许百分率（%） | |
| --- | --- | --- | --- |
| | | 受拉区 | 受压区 |
| 1 | 绑扎骨架和绑扎网中钢筋的搭接接头 | 25 | 50 |
| 2 | 焊接骨架和焊接网的搭接接头 | 50 | 50 |
| 3 | 受力钢筋的焊接接头 | 50 | 不限制 |
| 4 | 预应力筋的对焊接头 | 25 | 不限制 |

注：1. 接头位置设置在受力较小处，在同一根钢筋上应尽量少设接头；
　　2. 装配式构件连接处的受力钢筋焊接接头和后张法预应力混凝土构件的螺栓端杆接头，可不受上表限制；
　　3. 采用绑扎骨架的现浇柱，在柱中及柱与基础交接处，如采用搭接接头时，其接头面积允许百分率，可根据设计经验适当放宽；
　　4. 承受均布荷载作用的屋面板、楼板、檩条等简支受弯构件，如在受拉区内配置少于 3 根受力钢筋时，可在跨度两端各四分之一跨度范围内设置一个焊接接头；
　　5. 如有保证焊接质量的可靠措施时，预应力钢筋对焊接头在受拉区内的接头面积允许百分率可放宽至 50%。

（6）钢筋焊接接头的类型、尺寸和适用范围见表 3.19。

**表 3.19　焊接接头类型、尺寸与适用范围**

| 项次 | 焊接接头类型 | 适用范围 | |
| --- | --- | --- | --- |
| | | 钢筋类别 | 钢筋直径（mm） |
| 1 | 电阻点焊 | HPB300、HRB335 级<br>冷拔低碳钢丝 | 6～14<br>3～5 |

续表

| 项次 | 焊接接头类型 | 适用范围 | |
|---|---|---|---|
| | | 钢筋类别 | 钢筋直径（mm） |
| 2 | 闪光对焊 | HPB300、HRB335、HRB400 级<br>HRB400 级 | 10～40<br>10～25 |
| 3 | 帮条电弧焊（双面焊） | HPB300、HRB335、HRB400 级 | 10～40 |
| 4 | 帮条电弧焊（单面焊） | HPB300、HRB335、HRB400 级 | 10～40 |
| 5 | 搭接电弧焊（双面焊） | HPB300、HRB335 级 | 10～40 |
| 6 | 剖口电弧焊（平焊） | HPB300、HRB335、HRB400 级 | 18～40 |
| 7 | 剖口平弧焊（立焊） | HPB300、HRB335、HRB400 级 | 18～40 |
| 8 | 钢筋与钢板搭接焊 | HPB300、HRB335 级 | 8～40 |
| 9 | 预埋件丁字接头贴角焊 | HPB300、HRB335 级 | 6～16 |
| 10 | 预埋件丁字接头穿孔塞焊 | HPB300、HRB335 级 | ≥18 |
| 11 | 电渣压力焊 | HPB300、HRB335 级 | 14～40 |
| 12 | 气压焊 | HPB300、HRB335 级 | 14～40 |
| 13 | 预埋件丁字接头埋弧压力焊 | HPB300、HRB335 级 | 6～20 |

注：1. 表中的帮条或搭接长度值，不带括弧的数值适用于 HPB300 级钢筋，括弧中的数字适用于 HRB335、HRB400 级钢筋；
  2. 电阻点焊时，适用范围的钢筋直径指较小钢筋的直径；
  3. 帮条采用与主筋同级别同直径的钢筋制作。如帮条级别与主筋相同，直径可比主筋直径小一个规格。如帮条直径与主筋相同，其级别可比主筋低一个级别。

5. 钢筋绑扎连接技术要求

钢筋采用绑扎接头时，应遵守下列规定：

（1）搭接长度不得小于表 3.20 规定的数值。

（2）受拉区域内光面圆钢筋绑扎接头的末端，应做弯钩。螺纹钢筋的绑扎接头末端可不做弯钩。

表 3.20 绑扎接头的最小搭接长度

| 项次 | 钢筋类型 | 混凝土强度等级 | | | | | | | | | |
|---|---|---|---|---|---|---|---|---|---|---|---|
| | | C15 | | C20 | | C25 | | C30、C35 | | ≥C40 | |
| | | 受拉 | 受压 | 受拉 | 受压 | 受拉 | 受压 | 受拉 | 受压 | 受拉 | 受压 |
| 1 | HPB300 级 | $50d$ | $35d$ | $40d$ | $25d$ | $30d$ | $20d$ | $25d$ | $20d$ | $25d$ | $20d$ |
| 2 | HRB335 级 | $60d$ | $45d$ | $50d$ | $35d$ | $40d$ | $30d$ | $40d$ | $25d$ | $30d$ | $20d$ |

注：1. 表中 $d$ 为钢筋直径；
  2. 当带肋钢筋直径 $d$ 不大于 25mm 时，其受拉钢筋的搭接长度应按表中值减少 $5d$ 采用；
  3. 在任何情况下，纵向受拉钢筋的搭接长度不应小于 300mm，受压钢筋的搭接长度不应小于 200mm；
  4. 当混凝土强度等级低于 C20 时，HPB300、HRB335 级钢筋的搭接长度应按表中 C20 的数值相应增加 $10d$；
  5. 对有抗震要求的受力钢筋的搭接长度，对抗震等级为 7 级及其以上烈度应增加 $5d$；
  6. 当混凝土在凝固过程中受力钢筋易受扰动时，其搭接长度宜适当增加。

6. 钢筋接头手工电弧焊要求

（1）电焊条是电弧焊使用的材料，焊条的选用与钢筋的级别有关，常用牌号可按表 3.21 选用，并应符合设计要求；若设计未做规定，可参照表 3.22 选用。重要结构中的钢筋焊接，应采用低氢型碱性焊条，并应按焊条说明书的要求进行烘烤后使用。运输或存放中受潮的酸性焊条应烘烤后才能使用。

**表 3.21　常用焊条牌号**

| 焊条型号 | T421 | T422 | T423 | T424 | T426 | T427 |
|---|---|---|---|---|---|---|
| 焊条牌号 | 结 421 | 结 422 | 结 423 | 结 424 | 结 426 | 结 427 |
| 药皮类型 | 钛型 | 钛钙型 | 钛铁矿型 | 氧化铁型 | 低氢型 | 低氢型 |
| 电流种类 | 交直流 | | | | | 直流 |
| 焊条型号 | T502 | T503 | T506 | T507 | | T557 |
| 焊要牌号 | 结 502 | 结 503 | 结 506 | 结 507 | | 结 557 |
| 药皮类型 | 钛钙型 | 钛铁矿型 | 低氢型 | 低氢型 | | |
| 电流种类 | 交直流 | | | 直流 | | |

**表 3.22　焊条选用**

| 项次 | 钢筋级别 | 焊接形式 | |
|---|---|---|---|
| | | 搭接焊、帮条焊 | 熔槽焊 |
| 1 | HPB300 级 | 结 421 | 结 426 低氢型 |
| 2 | HRB335 级 | 结 502<br>结 506 | 结 556 低氢型 |
| 3 | HRB400 级 | 结 502<br>结 506 | 结 500 低氢型 |
| 4 | 5 号 | 结 421<br>结 502 | 结 556 低氢型 |

（2）搭接电弧焊主要适用于 $10\sim40\text{mm}$ 直径的热轧钢筋。一般以选用双面焊缝为宜。焊缝高度应为钢筋直径的 $0.30d$，但不得少于 $4\text{mm}$；焊缝宽度应为钢筋直径的 $0.7d$，但不小于 $10\text{mm}$。搭接焊缝长度规定列于表 3-23，HRB335、HRB400 级钢筋焊缝长度示意如图 3.10 所示。

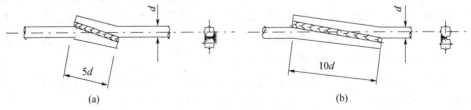

图 3.10　钢筋搭接焊焊缝长度（HRB335、HRB400）

（a）双面焊；（b）单面焊

**表 3.23　钢筋搭接（帮条）长度**

| 钢筋级别 | 焊缝形式 | 搭接（帮条）长度 |
|---|---|---|
| HPB300 级 | 单面焊<br>双面焊 | $\geq 8d$<br>$\geq 4d$ |
| HRB335、HRB400 级 | 单面焊<br>双面焊 | $\geq 10d$<br>$\geq 5d$ |

注：$d$ 为钢筋直径。

（3）对于直径为 10mm 及以上热轧钢筋，其接头采用搭接、帮条焊时应符合以下要求：

搭接焊接头的两根搭接钢筋的轴线，应位于同一直线上，在大体积混凝土结构中，直径不大于 25mm 的钢筋搭接时，钢筋轴线可错开 1 倍钢筋直径。

当钢筋和钢板焊接时，焊缝高度应为被焊接钢筋直径的 $0.35d$，并不小于 6mm；焊缝宽度应为被焊钢筋直径的 $0.5d$，且不小于 8mm（图 3.11）。

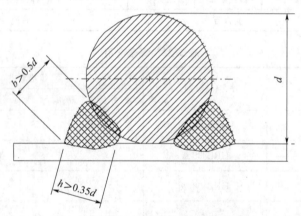

图 3.11　钢筋与钢板焊接

（4）搭接焊时，钢筋端部应预弯，预弯的角度应保证两钢筋的轴线在同一直线上。焊接开始用两点定位焊加以固定，定位焊缝至少距端部 20mm 以上。正式焊接时，引弧应在搭接钢筋的一端开始，收弧应在搭接钢筋端头，弧坑应填满。为了保证焊缝与钢筋熔合良好，第一层焊缝要有足够的熔深，主焊缝与定位焊缝应良好地熔合，焊缝表面平顺，无明显的气孔、咬边和夹渣，更不得有裂缝；为了防止过热，应对几个接头轮流施焊。对于 HRB335、HRB400 级钢筋的焊接接头，应采用由两端往中间施焊的焊接顺序。

搭接焊所用的焊条直径和焊接电流可参考表 3.24 选用。在一般情况下，采用较大的焊接电流，以增大熔化深度和提高劳动生产率。

表 3.24  钢筋搭接（帮条）焊焊接参数

| 焊接位置 | 钢筋直径（mm） | 焊条直径（mm） | 焊接电流（A） |
|---|---|---|---|
| 平焊 | 10～22<br>25～40 | 3.2～4<br>4～5 | 90～180<br>180～240 |
| 立焊 | 10～22<br>25～40 | 3.2～4<br>4～5 | 80～150<br>120～170 |

（5）钢筋帮条焊接头适用于直径 10～40mm 的 HPB300～HRB400 级钢筋，其形式如图 3.12 所示。帮条焊也有单面焊、双面焊之分。当不能进行双面焊时，也可采用单面焊。搭接长度 $L$ 见表 3.25。帮条可用圆钢、扁钢、角钢等材料，使帮条截面强度不小于焊接钢筋的截面强度。

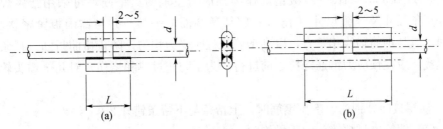

图 3.12  钢筋帮条焊接头（单位：mm）

（a）双面焊；（b）单面焊

表 3.25  帮条及焊缝尺寸　　　　　　　　　　　　　　　mm

| 钢筋直径 | 帮条尺寸<br>（根数×直径×长度） | 焊缝尺寸 | | | 锚固板尺寸<br>（厚×长×宽） |
|---|---|---|---|---|---|
| | | $b$ | $h$ | $k$ | |
| 40 | 3×28×60 | 18 | 8 | 6 | 20×120×120 |
| 36 | 3×25×60 | 16 | 8 | 6 | 20×110×110 |
| 32 | 3×22×55 | 14 | 7 | 6 | 20×100×100 |
| 28 | 3×20×55 | 14 | 7 | 4 | 20×90×90 |
| 25 | 3×18×55 | 12 | 6 | 4 | 15×80×80 |
| 22 | 3×16×55 | 10 | 5 | 4 | 15×80×80 |
| 20 | 3×14×50 | 10 | 5 | 4 | 15×70×70 |
| 18 | 3×14×50 | 8 | 4 | 4 | 15×70×70 |
| 16 | 3×12×50 | 8 | 4 | 4 | 15×70×70 |
| 14 | 3×10×50 | 8 | 4 | 4 | 15×70×70 |
| 12 | 3×10×50 | 8 | 4 | 4 | 15×70×70 |

（6）对于直径为 10mm 及以上的热轧钢筋，其接头采用帮条电弧焊时，帮条

的总截面面积应符合下列要求：

① 当主筋为 HPB300 级钢筋时，不应小于主筋截面面积的 1.2 倍；当主筋为 HRB335、HRB400 级钢筋和 5 号钢筋时，不应小于主筋截面面积的 1.5 倍。为了便于施焊和使帮条与主筋的中心线在同一平面上，帮条采用与主筋同钢号、同直径的钢筋制成。如帮条与主筋级别不同时，应按设计强度进行换算。

② 焊缝高度、宽度及施焊方法等有关规定均与搭接焊的要求相同，可查阅前述内容。

③ 帮条焊两主筋端头之间应留 2～5mm 间隙。帮条与主筋之间用四点定位焊固定，定位焊缝应离帮条端部 20mm 以上，引弧在帮条钢筋的一端开始，收弧应在帮条钢筋端头，弧坑应填满。

④ HRB335、HRB400 级钢筋作为预应力主筋时，锚固端可采用帮条焊锚头，帮条尺寸及焊缝尺寸见表 3.25。帮条端面应平整，并与锚固板紧密接触。锚固板应与钢筋轴线相垂直，以利钢筋张拉时受力均匀，防止扭曲折断。帮条焊的焊接，应在预应力钢筋冷拉之前进行。为了防止过热和烧伤，对几个锚头轮流施焊。

⑤ 焊接冷轧钢筋、冷拉钢筋时，上帮条与下帮条错开 $2d$。

（7）钢筋电弧焊接头的质量检验

① 外观检查

a. 焊缝表面平顺，没有明显的咬边、凹陷、气孔和裂缝。

b. 用小锤敲击接头时，应发出清脆声。

c. 焊接尺寸偏差及缺陷的允许值见表 3.26。

表 3.26　钢筋电弧焊接头尺寸偏差及缺陷允许数值

| 项次 | 偏差名称 | 允许偏差及缺陷 |
|---|---|---|
| 1 | 帮条对焊接头中心的纵向偏移 | 0.50$d$ |
| 2 | 接头处钢筋轴线的曲折 | 4 |
| 3 | 焊缝高度 | −0.05$d$ |
| 4 | 焊缝宽度 | −0.10$d$ |
| 5 | 焊缝长度 | −0.50$d$ |
| 6 | 咬边深度 | 0.05$d$<br>1mm |
| 7 | 焊缝表面上气孔和夹渣：<br>①在 2$d$ 的长度上<br>②气孔、夹渣的直径 | 2个<br>3mm |

　　注：1. $d$ 为钢筋直径（mm）。
　　　　2. 表中的允许偏差值在同一项目内如有两个数值时，应按其中较严的数值控制。

② 强度检验

在每次改变钢筋的类别、直径、焊条牌号以及调换焊工时，特别是在操作条件、参数改变时，施焊前应制作两个抗拉试件。当试验结果大于或等于该类钢筋的抗拉强度时，才允许正式施焊。

必要时还应从成品中抽取试件，做抗拉试验。拉伸试验的结果要求：a. 三个试件的抗拉强度均不得低于该级别钢筋的规定抗拉强度值；b. 至少有两个试件呈塑性断裂。

7. 钢筋机械连接

（1）采用钢筋机械连接时应由厂家提交有效的检验报告。

（2）钢筋机械接头的分级及抗拉强度应满足表 3.27 的要求。

**表 3.27　接头分级及抗拉强度**

| 接头等级 | Ⅰ 级 | Ⅱ 级 | Ⅲ 级 |
| --- | --- | --- | --- |
| 抗拉强度 | $f^0_{mst} \geqslant f^0_{st}$ 或 $\geqslant 1.10 f^0_{uk}$ | $f^0_{mst} \geqslant f^0_{uk}$ | $f^0_{mst} \geqslant 1.35 f^0_{yk}$ |

注：$f^0_{mst}$——接头试件实际抗拉强度；

　　$f^0_{st}$——接头试件中钢筋的抗拉强度实测值；

　　$f^0_{uk}$——钢筋抗拉强度标准值；

　　$f^0_{yk}$——钢筋屈服强度标准值。

（3）接头等级的选择应符合下列规定：

① 混凝土结构中要求充分发挥钢筋强度或对接头延性要求较高的部位，应选用Ⅰ级接头或Ⅱ级接头。

② 混凝土结构钢筋受力较高但对接头延性要求不高的部位，可选择Ⅲ级接头。

（4）钢筋连接件的混凝土保护层厚度应符合《水工混凝土结构设计规范》（DL/T 5057—2009）中受力钢筋最小保护层厚度的要求，且不得小于 15mm。连接件之间的横向净距不小于 25mm。

（5）结构构件中纵向受力筋的接头相互错开，钢筋机械连接的连接区长度应按 $35d$ 计算。在同一连接区段内有接头的受力钢筋截面面积占受力钢筋总截面面积的百分率，应符合下列规定：

① 接头设置在结构构件受拉钢筋应力较小部位，当需要在高应力部位设置接头时，在同一区段内Ⅲ级接头的接头百分率不应大于 25%；Ⅱ级接头的接头百分率不应大于 50%；Ⅰ级接头的接头百分率可不受限制。

② 接头避开有抗震设防要求的框架的梁端柱端箍筋加密区，当无法避开时，应采用Ⅰ级接头。

③ 受拉钢筋应力较小部位或纵向受压钢筋，接头百分率可不受限制。

④ 对直接承受动力荷载的结构构件，接头百分率应大于 50%。

（6）机械连接工程开始前及在施工过程中，应对每批进场钢筋进行接头工艺检验，工艺检验应符合下列要求：

① 每种规格的钢筋的接头试件应不少于 3 根。

② 对接头试件的母材进行抗拉强度试验。

③ 3 根接头试件的抗拉强度应满足表 3.26 的要求，接头的变形性能要满足表 3.28 的要求。

表 3.28　接头的变形性能

| 接头等级 | | Ⅰ级、Ⅱ级 | Ⅲ级 |
|---|---|---|---|
| 单位拉伸 | 非弹性变形（mm） | $u \leqslant 0.10$（$d \leqslant 32$）<br>$u \leqslant 0.15$（$d > 32$） | $u \leqslant 0.10$（$d \leqslant 32$）<br>$u \leqslant 0.15$（$d > 32$） |
| | 总伸长率（%） | $\delta_{sgt} \geqslant 4.0$ | $\delta_{sgt} \geqslant 2.0$ |
| 高应力反复拉压 | 残余变形（mm） | $u_{20} \leqslant 0.3$ | $u_{20} \leqslant 0.3$ |
| 大变形拉压 | 残余变形（mm） | $u_4 \leqslant 0.3$<br>$u_8 \leqslant 0.6$ | $u_4 \leqslant 0.6$ |

注：$d$——钢筋直径；

　　$u$——接头的非弹性变形；

　　$u_{20}$——接头经高应力反复拉压 20 次后的残余变形；

　　$u_4$——接头经大变形反复拉压 4 次后的残余变形；

　　$u_8$——接头经大变形反复拉压 8 次后的残余变形；

　　$\delta_{sgt}$——接头试件总伸长率。

（7）现场检验要进行外观质量检查和单向拉伸试验。机械连接接头检验按验收批进行，采用同一批材料的同等级、同形式、同规格接头，以 300 个接头为一个验收批进行检验与验收，不足 300 个仍作为一个验收批次。

（8）对接头的每一验收批，必须在工程结构中随机截取 3 个接头试件做抗拉强度试验，按设计要求的等级评定。

① 当 3 个接头试件的抗拉强度均符合表 3.26 中相应等级的要求时，该验收批为合格。

② 如有 1 个试件的强度不符合要求，应再取 6 个试件进行复检。复检中仍有 1 个试件的强度不符合要求，则该验收批评为不合格。

（9）外观质量检验的质量要求、抽样数量、检验方法、合格标准及螺纹接头所必需的最小拧紧力矩值见相应各种类型接头的技术规程。

钢筋机械连接优先选用等强剥肋滚压直螺纹 A 级接头技术。

## 3.3 预埋件工程

### 3.3.1 山口拱坝混凝土预埋件

(1) 止水片、止浆片；

(2) 大坝接缝灌浆的进浆管、回浆管、排气管、排气出浆盒、升浆管；

(3) 混凝土冷却水管、坝体排水管；

(4) 坝内基础廊道量水堰；

(5) 大坝基础和大坝工作状态的各种观测仪器；

(6) 灌浆廊道顶部的预埋吊环；

(7) 坝顶地漏预埋管；

(8) 各种锚固支撑作用的插筋、锚筋；

(9) 连接和定位用的各种螺栓、爬梯、扶手、栏杆和预埋管等；

(10) 电气、照明埋管及埋件；

(11) 接地系统埋件；

(12) 给排水、抽水机管路及埋件；

(13) 金属结构埋件。

### 3.3.2 止水

止水片的埋设、止水周边混凝土的浇筑是保证止水质量的重要环节。

1. 止水材料

本工程止水材料主要有止水铜片、橡胶止水带等。止水铜片物理力学性能见表 3.29。

表 3.29 止水铜片物理力学性能

| 抗拉强度（MPa） | 延伸率（%） | 冷弯 |
| --- | --- | --- |
| ≥205 | ≥30 | ①180°不出现裂缝；②0°～60°范围内连续张闭 50 次不出现裂缝（顶部可保留直径约 1cm 的弧度） |

2. 止水片加工

(1) 紫铜止水片和塑料止水片均由厂家按设计要求加工后提供定型产品。在特制模具中冲压成型的紫铜片表面应光滑平整、无裂痕，并有光泽，其浮皮、锈污、油漆均应清除干净。如有砂眼、钉孔，应予焊补。在施工前应做冷弯试验，180°时不裂缝，冷弯 0°～60°时连续张闭 50 次无裂缝。

（2）橡胶止水带要符合表 3.30 所要求的性能，每一批止水带应有分析检测报告。

表 3.30　橡胶止水带胶料和成品性能指标

| 项目 | | 单位 | 天然橡胶 | 合成橡胶 | 橡胶止水带成品 |
|---|---|---|---|---|---|
| 硬度（邵氏 A） | | 度 | 60±5 | 60±5 | 60±5 |
| 抗拉强度 | | MPa | ≥18 | ≥16 | 14 |
| 扯断伸长率 | | % | ≥450 | ≥400 | ≥450 |
| 定伸永久变形 | | % | ≤20 | ≤25 | 28±2 |
| 撕裂强度 | | kN/m | ≥35 | ≥35 | — |
| 脆性温度 | | ℃ | ≤−45 | ≤−40 | |
| 热空气老化　70℃×72h | 硬度变化（邵氏 A） | 度 | ≤+8 | — | — |
| | 拉伸强度变化率（降低） | % | ≤10 | — | — |
| | 伸长率变化率（降低） | % | ≤20 | — | — |
| 臭氧老化 50pphm；20%，48h | | — | — | 2 级 | 0 级 |

（3）止水施工

止水材料按照厂商推荐的方法运送、贮存、搬运和保护。塑料止水带在物资仓库内存放，禁止露天堆放或放在阳光直射的地方，不接触油和油脂。

为使止水铜片成型良好，在加工厂配备成型机，采用机械切割下料、模具冷压加工成型。止水铜片加工采用分段加工，每段具有实际可能的最大长度。在加工过程中严禁使用铁器工具锤击铜片表面，成型后对其表面进行检查，如有裂纹（痕）的视为废品，并须对同批材料质量重新进行检验。

3. 止水基座

不同的坝高、不同的坝型对止水基座嵌入基岩的深度有所不同，山口拱坝上游面设置两道 W 形紫铜止水片，下游面设置一道 W 形紫铜止水片；廊道周边采用橡胶止水带。止水基座伸入基岩 50cm，基座混凝土强度达到 10MPa 以后，方可浇筑上部混凝土（混凝土抗压强度达 2.5MPa 后方可开始下道工序准备工作）。

止水在上延过程中的固定应视仓位具体情况而定。垂直止水采用定型止水模板。

4. 止水片安装

止水铜片的凹槽部位在铜片安装完成后采用沥青麻丝充填密实。安装时，按设计要求的位置将其架设在预定位置上，保证止水凹槽骑缝布置，凹槽应朝向迎水面方向，不得将止水鼻子朝向弄反，止水片上不能有褶皱，否则应将其展平，并保持其设计几何形状尺寸不变。

止水片安装时应使用钢管或角铁等将其固定牢靠，但不得对止水进行任何形式的穿孔架设，不得损坏止水。固定钢管、钢筋架在浇筑高程内不能过缝，浇筑高程外有过缝钢管或钢筋应在下一层施工时去除。后浇块备仓时，应对先浇块内埋设的止水片仔细检查，如有破损，应进行修补，并经质检人员验收合格后，方可开仓浇筑。对需要在混凝土上凿槽修补的部位，除应完成止水片的修复外，还必须用预缩砂浆对凿开的混凝土 V 形槽进行认真的修补。

5. 止水接头

止水铜片的焊接方法采用铜焊丝进行气焊。止水铜片的衔接采取双面焊接搭接方式连接，搭接长度不小于 5cm。气焊焊接必须进行两道。气焊应预热，预热温度为 $400 \sim 500 ℃$，气焊焰芯距工作面应保持为 $2 \sim 4mm$。焊后沿焊缝两侧 100mm 范围内进行锤击。如果止水片很薄，可用液化气—氧气代替氧气—乙炔，以降低气焰温度。

塑料止浆片采用胶粘剂粘接，搭接长度不应小于 10cm，同类材料的衔接接头，均采用与母体相同的焊接材料。铜片与塑料止浆片接头采用铆接，即采用两道塑料止水片夹一道紫铜止水片或两道紫铜止水片夹一道塑料止水片，在其上钻 $\phi 8 \sim \phi 10mm$ 的孔后用相应的螺栓将其旋紧咬合，两道塑料止水片夹一道紫铜止水片时，接头部分的紫铜止水片切割成梯形，宽度小于塑料止水片，超出紫铜止水片的塑料止水片两侧焊接牢固，将紫铜止水片包入塑料止水片之内；两道紫铜止水片夹一道塑料止水片时，将紫铜止水片比塑料止水片两翼宽的部分弯曲包裹住塑料止水片形成咬合，搭接长度不小于 35cm。

紫铜止水片和塑料止水片的"丁"字接头和"十"字接头由厂家按设计尺寸提供定型产品，确需在现场施焊的应严格控制焊接质量。根据相关工程的经验，使用铜塑定型接头可以很好地解决渗漏问题。铜塑定型接头形式如图 3.13 所示。

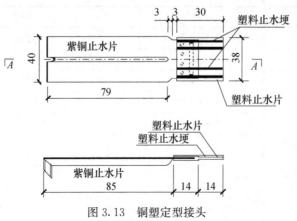

图 3.13　铜塑定型接头

铜塑定型接头制作工艺：先将紫铜片按设计尺寸在剪床中裁剪成毛坯，开孔成槽，然后在模具中冲压成型，再在紫铜片和塑料止水片上刷涂特制粘胶，最后将两片塑料止水片叠合（紫铜片夹在其中），经过一段时间的热压后，两片塑料止水片熔融在一起，并紧裹紫铜片。

6. 止水周边混凝土振捣

在浇筑过程中，吊罐下料与止水片距离不小于 1.5m 并在浇筑止水片附近混凝土时辅以人工喂料、人工振捣密实，并随时清除止水片周围混凝土料中的大粒径骨料。

特别是高温季节或大仓位混凝土的浇筑，容易在已埋设处理好的止水上污染有水泥浆，而此时仓位混凝土并未浇筑到止水处，经长时间的间隔，止水上的砂浆已失效成灰质，如不及时处理干净，止水与混凝土的结合极差，导致结合面成为渗水的通道。

对已埋入先浇块坝体的止水片，需采取措施防止其变形移位和撕裂破坏，且止水片高出先浇块表面以上不少于 40cm。

### 3.3.3 坝内冷却水管

坝基强约束区范围混凝土内预埋冷却水管采用镀锌钢管，弱约束区及自由区混凝土内预埋冷却水管均采用大坝专用高导热性 HDPE 塑料冷却水管。

钢管采用外直径 25mm，壁厚 1.5～1.8mm，转弯处采用标准 90°弯头连接。

高强聚乙烯冷却水管采用大坝专用高导热性 HDPE 塑料冷却水管，主管内径 40mm，干管内径为 32mm。干管基本内径为 32mm，当一个仓面布置干管数 ≥ 3 根时，靠上游面 1/3 仓面长度范围内，干管内径采用 32mm；在深孔孔口周围 15m 范围内及表孔闸墩部位，干管内径采用 32mm。高强聚乙烯 HDPE 塑料冷却水管技术要求见表 3.31。坝内布置结构如图 3.14 所示。

表 3.31　HDPE 冷却塑料水管指标

| 项目 | 单位 | 指标 |
|---|---|---|
| 管内（外）直径 | mm | 28/32 |
| 管壁厚度 | mm | 2.0 |
| 标准卷长 | m | 200 |
| 导热系数 | kJ/（m·h·℃） | ≥ 1.66 |
| 拉伸屈服应力 | MPa | ≥ 20 |
| 纵向尺寸收缩率 | % | < 3 |
| 断裂伸长率 | % | 200 |
| 破坏内水静压力 | MPa | ≥ 2.0 |
| 液压试验 | 不破裂、不渗漏（温度：20℃，时间：1h，环向应力：11.8MPa） | |
| | 不破裂、不渗漏（温度：80℃，时间：170h，环向应力：3.9MPa） | |

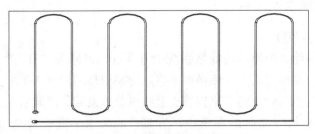

图 3.14　坝内蛇形管布置图

1. 冷却水管材料

冷却水管使用 HDPE 高密聚乙烯塑料管。HDPE 高密聚乙烯塑料管颜色为乳白色，属于卷材类，运输、操作弯曲轻便，使施工准备工作大大简化，也有利于初期通水冷却施工操作。HDPE 高密聚乙烯塑料冷却水管热学、力学性能技术指标见表 3.31。

2. 埋设方法

（1）HDPE 水管内壁应光滑平整，没有气泡、裂口、分解变色、凹陷及影响使用的质量缺陷；管两端应切割平整，并与轴线垂直。塑料管不得受到重物挤压、阳光暴晒，已严重变形或老化的管材严禁使用。

（2）HDPE 水管在混凝土仓面直接进行整体敷设，根据接缝灌浆、温控要求，按施工图纸的设计位置逐层预埋蛇形管圈，其单根长度不超过 200m。

（3）冷却水管垂直水流方向布置，水平间距为 1.5m（非约束区）或 1.0m（约束区），垂直间距为 1.5m（非约束区）或 1.0m（约束区），当浇筑层厚为 3.0m 时，用两层水管按 1.5m 间距布置。冷却水管距大坝浇筑块周边的距离一般要求为 0.8m，局部不应小于 0.5m；冷却水管距横缝面的距离一般要求为 0.8m（先浇块）和 0.5m（后浇块）；冷却水管距廊道、孔口等内壁面的距离不应小于 0.5m。

（4）混凝土开仓前，将 HDPE 水管在混凝土仓面弯曲成蛇形敷设，并使用带有铁钉的塑料 U 形卡或 $\phi$6mm 钢筋弯制的 U 形卡将其固定在混凝土层面上，在弯管段采用不少于 3 个 U 形卡固定。同时进行通水测试，检查 HDPE 水管和接头有无漏水。若 HDPE 水管漏水，则将漏水处截断，并用接头连接；若接头漏水，则需重新连接紧密，直至滴水不漏。

（5）混凝土浇筑过程中，HDPE 水管必须一直保持通水，发现堵塞或漏水时，及时处理。特别注意严禁振捣器直接在 HDPE 水管上振捣或平仓机在裸露的水管上行走。

（6）冷却水管预埋时，必须经过测量放样，避开基础部分固结灌浆、帷幕灌浆孔孔位，避免基础处理时打断冷却水管。

### 3.3.4 接缝灌浆预埋件

1. 灌区结构布置

山口拱坝横缝每个灌区的灌浆系统由进浆管、回浆管、升浆管和出浆设施、排气设施以及止浆片组成。大坝横缝灌浆系统采用预埋两套水平灌浆镀锌钢管和两套预埋连接在灌浆管上的升浆钢管支管组成，进浆管、回浆管的进口、出口都平行布设在各个相应灌区的廊道内，进浆、回浆水平灌浆管均采用 $\phi38.1mm$（1.5 英寸）镀锌钢管，与进浆管连接的升浆配件支管采用 $\phi25.4mm$（1 英寸）镀锌钢管，水平进浆管、回浆管分别设置在各个灌区底部，升浆管采用 $\phi20mm$ 软塑料管与升浆配件支管连接拔管成孔，各个灌区顶部设置预留水平排气槽，排气槽两端通过排气管与相应灌区内廊道相连，达到完全排气至浆液充满横缝面内。

2. 灌浆管路加工及埋设

（1）灌浆管路和部件的加工按施工图纸或监理工程师指示进行，加工完成后逐件清点检查，合格后运送现场安装。

（2）进浆管、排气管采用预埋标准镀锌管，管路转弯处使用弯管机加工或用弯管接头连接。钢管之间采用焊接、套接。进浆管、排气管与支管均使用三通连接（不焊接）。

（3）止浆片及其盖板、排气槽及其盖板的材质、规格及加工、安装确保符合施工图纸要求。

（4）确保各灌区的止浆片，特别是基础灌区底层止浆片的埋设质量，止浆片安装不能错位，发现已埋设的止浆片有缺陷时，及时按监理工程师指示进行修补。

（5）如有管路通过横向伸缩缝时，在缝两侧各 30～50cm 范围的管子表面刷一层沥青等，使这一管子与混凝土不粘牢，防止伸缩缝张开或合拢损坏管路。

（6）所有预埋的管路，当其出口向上时，在任何情况下都应采取管口临时保护措施，以防杂物堵塞管路。

（7）对接缝灌浆管路，需事先在管头做上可靠标志说明，以避免错乱。

3. 坝体排水孔

坝体排水孔（镀锌钢管拔管成孔）的埋设要求：

（1）起始孔的安装误差不超过设计位置±5cm。

（2）浇筑层每升高 3m，应测定孔位一次，其孔位误差相对于起始孔，不得超过 5cm。

### 3.3.5　内部观测仪器和电缆

埋设内部观测仪器和电缆时应注意以下内容：

（1）仪器的安装位置、安装形式等必须严格遵守有关设计文件规定，验收合格后方可浇筑混凝土。在浇筑施工全过程中，对仪器和电缆应仔细保护。

（2）埋设时，应将仪器周围的混凝土粒径大的骨料加以剔除，并用人工或小功率振捣器仔细将周围的混凝土捣实。

（3）埋设完毕后，需详细记录施工过程、埋设位置，及时绘制竣工图，发送有关单位以备查考。

（4）外部观测仪器的安装、埋设、预留孔及观测等，应按照设计及有关的专门规程进行。

### 3.3.6　其他水工预埋件

其他水工混凝土的预埋铁件主要有锚固或支承的插筋、锚筋；为结构安装支撑用的支座；吊环、锚环等。

各种预埋件及插筋，在埋设前，应将其表面的鳞锈、锈皮、油漆和油渍等清除干净。

1. 基础插筋

除施工详图或设计通知中有说明之外，基础插筋尚需满足以下要求：

（1）插筋孔的实际孔深不得小于设计孔深。

（2）插筋孔孔径不小于 $d+4\text{mm}$（$d$ 为插筋直径）。

（3）为保证插筋与岩石有足够的粘结力，必须用高压水洗孔，使孔内无岩粉、淤泥等杂物，用风枪将孔内积水冲出，再用高强度等级水泥砂浆灌至孔深的 $1/3$，然后插筋，进而将全孔注满砂浆，并注意砂浆的密实。已施工完毕的插筋，3d 以内禁止摇晃振动。

（4）一般孔内灌注的砂浆强度等级应不低于 M20，水胶比为 0.45，水泥砂浆应灌注密实。

（5）插筋埋设后，需待孔内砂浆达到 2.5MPa 强度时，方可在其上进行架设工作。

（6）孔内砂浆龄期满 3 天后，应在现场抽 5％ 的数量做注浆密实度检测，密实度应达到 80％ 以上。

（7）应做好插筋施工的原始记录。

2. 预埋插筋的一般要求

（1）按设计位置固定插筋，其埋置深度一般不小于 30 倍插筋直径。

（2）用 HPB300 级钢筋做插筋时，为了锚固可靠，通常需加设弯钩。

（3）对于精度要求较高的插筋，如地脚螺栓等，一期混凝土施工中往往不能确保埋设质量，可采用预留孔洞浇筑二期混凝土的方法或插筋穿入样板埋入，以保证插筋相对位置的正确。

3. 预埋插筋的埋设方法

常用的插筋埋设方法有3种，如图3.15所示。

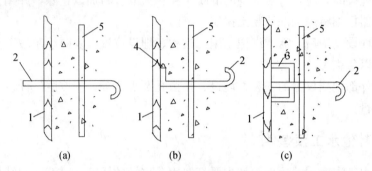

图 3.15　插筋埋设方法

1—模板；2—插筋；3—预埋木盒；4—固定钉；5—结构钢筋

对于精度要求较高的地脚螺栓的埋设，常用图3.16所示的3种方法进行埋设。预埋螺栓时，可采用样板固定，并用黄油涂满螺纹，用薄膜或纸包裹。

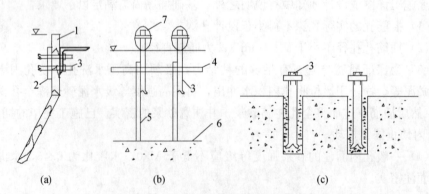

图 3.16　地脚螺栓埋设方法

1—模板；2—垫板；3—地脚螺栓；4—结构钢筋；5—支撑钢筋；

6—建筑缝；7—保护套

4. 预埋锚筋

预埋锚筋的埋设要求和方法如下：

（1）锚筋的埋设要求是钢筋与砂浆、砂浆与孔壁结合紧密，孔内砂浆应有足够的强度，以适应锚筋和孔壁岩石的强度。

（2）锚筋埋设方法分先插筋后填砂浆和先灌满砂浆而后插筋两种。先插锚杆后注浆时，孔位与锚筋直径之差应大于 25mm，先灌砂浆后插筋时，孔位与锚筋直径之差应大于 15mm。

**5. 预埋梁支座**

梁支座的埋设误差一般控制标准：支座面的平整度允许误差±0.2mm；两端支座面高度允许±5mm；平面位置误差±10mm。

当支座面板面积大于 25cm×25cm，应在支座上均匀布置 2～6 个排气（水）孔；孔径 20mm 左右，并预先钻好，不应在现场用氧气烧割。

支座的埋设一般采用二期施工方法，即先利用在一期混凝土中预埋插筋进行支座安装和固定，然后浇筑二期混凝土完成埋设。

**6. 预埋吊环**

（1）吊环埋设形式

吊环的埋设形式是根据构件的结构尺寸、质量等决定的，不管采取哪一种埋设形式，最基本的应满足吊环埋入的锚固长度不小于 30 倍钢筋直径，埋入深度不够时，可焊在受力钢筋上，锚固长度仍不少于 30 倍钢筋直径，如图 3.17 所示。

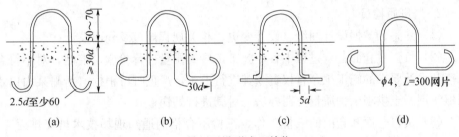

图 3.17　吊环埋设形式（单位：mm）

（2）吊环埋设要求

① 吊环采用 HPB300 级钢筋，端部加弯钩，不得使用冷处理钢筋，且尽量不用含碳量较多的钢筋。

② 吊环埋入部分表面不得有油漆、污物和浮锈（水锈除外）。

③ 吊环应居构件中间埋入，且不得歪斜。

④ 露出之环圈不宜太高或太矮，以保证卡环装拆方便为度，一般高度 15cm 左右或按设计要求外留。

⑤ 构件起吊强度应满足规范要求，否则不得使用吊环，在混凝土浇筑中和浇筑后凝固过程中，不得晃动或使吊环受力。

## 3.4 备仓工作

### 3.4.1 主要管理人员职责

1. 现场技术员

（1）熟悉、掌握设计图纸及设计变更的内容；

（2）负责对设计图纸和设计变更的内容向班组进行技术交底；

（3）负责对班组的测量、定位、放线及标高控制工作进行技术交底，施工过程中对班组完成结构的准确性进行控制；

（4）负责对班组所完成的工作进行二检，二检合格后通知质量检查部进行三检，对于不合格的工作，要求班组进行改正后重检；

（5）对于关键部位、关键工序必须进行旁站；

（6）负责混凝土浇捣通知单的填写，对混凝土浇捣通知单的正确性负责；

（7）出现异常情况及时会同仓面指挥长进行处理，并向工程技术部负责人或总工程师汇报；

（8）负责做好施工日志的填写。

2. 当班质检员

（1）熟悉、掌握设计图纸、设计变更、相关规程规范及仓面设计；

（2）负责对仓面备仓过程中各个施工工序的质量进行检验、控制，对不符合规范及设计要求的施工工序有权责令其进行返工，严重时可根据《新疆某山口水利枢纽混凝土拱坝工程质量奖罚办法》对其进行处罚；

（3）负责仓面开仓前的三检工作，三检不合格的通知现场技术员安排返工，三检合格后通知监理工程师进行终检；

（4）仓面终检合格后负责向监理工程师取得开仓证，在取得开仓证后通知当班调度员；

（5）负责混凝土浇筑施工过程跟踪旁站；

（6）负责做好质检日志的填写。

3. 当班调度员

（1）负责做好备仓过程及混凝土浇筑"一条龙"所需人员、设备的调度及保障，对仓面指挥长临时申请的人员、设备及时调配安排到位；

（2）负责混凝土浇捣通知单的发放；

（3）在收到质检员允许开仓的指令后，负责通知仓面指挥长；

（4）负责做好调度日志的填写。

4. 仓面指挥长

（1）全面负责仓面生产组织、指挥、协调管理工作；

（2）开仓前仔细阅读仓面设计，并按仓面设计要求组织现场施工；

（3）收到当班调度员开仓指令后负责通知混凝土浇筑"一条龙"各环节的施工人员，准备开仓；

（4）负责做好现场人工、材料、机械设备的合理安排，充分调动混凝土施工各环节人员的积极性；

（5）仓面有异常情况时，及时与现场技术员商议处理措施并安排执行，当意见不统一时先执行现场技术员的意见，后报请总工程师裁决；

（6）对现场施工做出突出贡献者和不服从仓面指挥长指令而对工程质量、进度、安全造成影响后果者，仓面指挥长有权按《新疆某山口水利枢纽混凝土拱坝工程质量奖罚办法》执行奖罚。

5. 联络员

（1）负责拌合楼、混凝土汽车运输、浇筑仓面之间的信息联络；

（2）负责混凝土运输车所装混凝土级配的标识工作。

### 3.4.2　资源组织准备

1. 仓面人员配套

混凝土浇筑仓面需配置各工序值班，带班人员至少一名到位，并挂标识牌。此外，还需配备一定数量骨料处理、保温喷雾等辅助工。

2. 仓面机具配套

每个浇筑仓面桶、瓢、锹、专用耙"四带"齐全。

3. 仓面设备配套

每个浇筑仓面工作机械如振捣机、平仓机、手持式振捣棒、喷雾枪等，其型号和数量应根据仓面变化加以科学计算和规定。

4. 水平运输自卸汽车要求

（1）自卸汽车运输，车辆应挂设混凝土标识牌，联络员与仓面保持联系，在混凝土级配改变时通知仓面。

（2）由驾驶员负责自卸汽车运输过程中的相关工作，每一仓块浇筑前后应冲洗车厢并排除积水使之保持干燥、洁净，高温季节运输混凝土应按要求加盖遮阳篷，质检人员、仓面指挥长负责检查执行情况。

（3）采用自卸汽车运输混凝土时，车辆行走的道路必须平整。

（4）在仓块开仓前由浇筑队负责混凝土运输道路路况的检查，发现问题及时安排整改。

（5）汽车装运混凝土时，司机应服从放料人员指挥。由拌合楼集料斗向汽车放料时，自卸汽车驾驶员必须坚持两点或多点接料，否则由该车驾驶员负责溢出料的清理和赔偿。砂浆运输完毕，应将车厢清洗干净后方可进行混凝土运输装车。

（6）混凝土运输车在拌合楼必须服从试验中心质控人员取样要求。

5. 垂直运输设备缆机及其维护保养规定

（1）缆机是特种设备，运行管理人员在上岗前必须进行严格的上岗培训。在整个缆机运行中，按照理论和实际相结合的原则，严格培训计划的实施，由考核领导小组进行考核，使其具备较高的理论素质和熟练的操作技能，不合格的不准上岗。

（2）缆机的维护保养

要保证缆机高效安全的运行，运行单位对缆机的维护管理尤为重要。只有加强对缆机维护管理，才能保证缆机在运行的过程中减少故障的发生，提高缆机的利用率。缆机的保养分为日常保养、定期保养和磨合保养。

① 日常保养：机械在每班作业前后及运行中，为及时发现隐患，保持良好的运行状态所进行的以清洁、检查、坚固、调整、润滑为主的预防性保养措施。

② 定期保养主要指机械在运行一定的间隔后，为消除不正常状态，恢复良好的工作状态所进行的一种预防性的维护保养措施。定期保养按规定的不同运行间隔期，分为每班保养、每日保养、每周保养、每月保养和每年保养。

A. 每班保养的主要项目包括：

a. 保持机械、电气各部位的清洁，地面干净，通道畅通。

b. 检查各电机、卷扬机卷筒轴承座、转向滑轮等螺栓的连接情况，发现松动应及时紧固，有扭矩要求的螺栓连接，应采用扭力扳手扭至规定值。

c. 检查各制动装置是否可靠，必要时进行调整，制动铁片和刹车片厚度减少1/2时，应更换新件。

d. 检查各电动机、减速箱等机构的运行情况及温度，电机壳体温度不应超过设计值，油温应低于设计值。

e. 经常检查各电气仪表指示装置是否正常。

f. 检查各润滑部位的润滑情况，必要时进行添加。

g. 起升导向装置润滑油泵工作时，温升应控制在设计范围内。

h. 检查电源电缆和线路的连接情况，如有破损和连接松动则应及时处理。

B. 每日保养的主要项目包括（白、中班交接时共同执行）：

a. 完成班级保养全部内容。

b. 检查小车各部连接、滑轮转动情况。

c. 检查各承码夹头的固定情况及开合间隙、承码下部滑轮的磨损及进入开合轨时的变化情况。

d. 检查承载索表面断丝及索端固定情况，如发现断丝则应每班检查并做记录。

e. 外观检查滑轮绳槽，合成材料滑轮的绳槽磨损后，其深度大于 70mm 时应更换。

f. 检查主索端在固定点的固定情况。

C. 每周保养项目包括：

a. 完成日保养全部内容。

b. 检查提升机构导绳装置的工作及磨损情况。

c. 检查塔架各连接点及滑轮运转情况。

d. 对提升和小车牵引索进行一次详细检查，当索径缩小 10％或达到表 3.32 所列断丝根数时应及时更换。

表 3.32　提升索和小车牵引索更换标准

| 名称 | 规格 | 报废标准 |
|---|---|---|
| 提升索 | 6×34 | 单节距断丝 16 根或 5 节断丝 32 根 |
| 小车牵引索 | 6×30 | 单节距断丝 8 根或 5 节断丝 16 根 |

e. 按润滑周期表，加注润滑油。

D. 每月保养项目包括：

a. 完成周保养的全部内容。

b. 电气部分应由专职电工按电气设备检修规程进行全面检查、维护和清洁。

c. 检查和清洁电动机，特别应注意清洁整流器表面和检查调整碳刷，若发现碳刷损坏应更换。

d. 检查各电气柜、接线箱等有无松动，各接触器、继电器、整流器等工作是否正常。

e. 检查各限位装置、限荷装置、指示仪器，保护开关等动作是否可靠，必要时进行调整。

f. 对提升、牵引机构进行全面检查，包括齿轮磨损情况，各部间隙必要时进行调整。

g. 牵引机构驱动摩擦轮两绳槽深度差大于 2mm 时，应进行调整。

h. 摩擦块槽磨损至 40mm 或有裂纹时，应予更换。

i. 检查钢构件各连接件是否产生裂纹变形和松动。

j. 对吊钩、卷筒、制动器、联轴器及滑轮等进行重点检查，特别应注意是否产生裂纹和变形，按润滑周期表加注润滑油。

E. 每年保养项目包括：

a. 完成月保养全部内容。

b. 对钢构件进行全面检查，各连接点螺栓有无松动（可用锤击判定），结构件有无变形、裂纹和锈蚀，必要时进行矫正、补焊和补漆，对重要连接部位高强度螺栓应按规定扭矩抽查。

c. 每年年初对避雷装置及接地保护措施进行检查，测量接地电阻是否符合要求。

d. 检查承载索垂度是否超过最大允许值，必要时应重新张紧。

e. 检查小车承码开合和导向装置，并进行校正和维修。

③ 磨合保养（运行至100h）主要包含以下几项

A. 润滑承载索，并对索端浇铸接头的位移量进行测量和记录；

B. 检查各运转部位的润滑情况，包括减速箱有无泄漏等，必要时添注；

C. 对各传动部位和电气限位装置进行检查和必要的调整；

D. 全面检查钢结构件连接螺栓的紧固情况，有松动时予以补紧；

E. 按润滑周期表规定，进行磨合期换油。

（3）缆机调度管理

① 缆机的通信方式。缆机使用对讲机作为通信工具，每台缆机的运行使用独立的通信系统，为避免干扰，每台缆机的通信系统使用专用的频道。每台缆机在仓面与装料平台上设佩戴明显标志的信号员，这些信号员与缆机操作员保持通信畅通、紧密联系，并随时给出恰当而准确的指示，以保证缆机安全而准确的运行。

② 缆机调度管理。生产指挥部每班设一名缆机值班工程师，负责缆机的协调指挥，缆机的内部运行由当班调度员统一指挥协调，并及时传达上级的指令，保证缆机紧张有序而安全的运行。

6. 其他设施配套

（1）风、水、电按时接到仓位，在浇筑开仓前，保持通畅。

（2）高温季节或雨期施工时，依据仓面设计配备喷雾机、保温被、彩条布、插筋等。

# 3.5　仓面施工技术要求

（1）建基面终验清理完毕，或施工缝处理完毕养护一定时间，混凝土强度达到2.5MPa后，开始进行仓面准备，即在仓面放线定位，绑扎钢筋，安装各种预埋件及模板。其工序：风水电设施的布置→测量放样→绑扎钢筋→安装预埋件→立模→标识→检查验收。

（2）混凝土仓位开仓前进行技术交底，使作业人员明确责任及作业要求。

（3）仓面标识：

① 在模板面板上用对比明显的油漆按仓面设计图标出混凝土强度等级分区线、坯层高程线和收仓线。

② 混凝土仓位开仓前进行挂牌（仓面设计）标识。

③ 仓内值班质检员、队长、班组长挂牌值班。

（4）仓面设计

① 仓面设计用于对浇筑仓内的资源配置和各种混凝土来料进行详细规划，以保障各工序正常、有序、高效运行。

② 仓面设计须经监理工程师审批后，方可执行。仓面设计主要内容如下：

a. 仓面情况包括仓面所在坝段、坝块、高程、面积、方量、混凝土级配种类、温控要求、仓位施工特点等。

b. 仓面预计开仓时间、收仓时间、浇筑历时、入仓强度、供料拌合楼。

c. 仓面资源配置包括工具、机具、材料、人员数量要求。

d. 仓面设计图，图上标明混凝土分区线、混凝土种类、浇筑顺序等。

e. 混凝土来料流程图。

f. 仓面质量及技术要求的注意事项。

③ 工程技术部应安排专门的技术人员进行仓面浇筑工艺设计，为混凝土浇筑质量做好必要的技术准备工作。

## 3.6　混凝土配料单的签发

（1）混凝土浇筑通知单由工程技术部填写，并提前 6h 送现场指挥部分发给质量检查部、试验中心、拌合工区、浇筑队、缆机队等相关单位，试验中心应在仓面验收后，拌合楼开机前 30min 内签发出混凝土配料单。

（2）技术部对所发送的浇筑通知单负责，浇筑通知单必须经过校核人校核无误并签字后才能发出。

（3）试验中心在发送混凝土配料单之前，必须对所使用的原材料进行检查及抽样检验。

（4）试验中心对所发送的混凝土施工配料单负责，配料单必须经过校核人校核并签字后才能发出。

## 3.7　"三检制"终验程序

（1）仓位准备工程的质量检验验收必须严格坚持"三检制"，合格后提请监理工程师验收，验收时"三检"资料必须齐全。

（2）仓内单元工程质量检查验收坚持内部"三检制"〔施工班组（队）一检、

工程技术部二检、质量检查部三检〕和监理工程师终检制度，质量检查部按验收组织流程图组织过程检查和最终验收。验收前测量中心应完成模板、预埋件等校核工作，各施工班组（队）应认真做好一检并填写检查表格，质检人员应加强施工过程的检查，单元工程终检合格后进行质量评定。仓内单元工程质量检查验收组织流程图如图 3.18 所示。

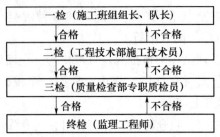

图 3.18　仓内单元工程质量检查验收组织流程图

# 3.8　施工配合比调整要求

实验室驻拌合楼值班人员根据浇筑通知单（开仓证）上要求的混凝土种类、强度等级及级配进行校核，然后根据经过审批的配合比，原材料情况及当时气候条件，对原配合比进行适当调整，开具混凝土配料单。混凝土配料单必须经过监理工程师审核后方能发出。具体调整内容如下：

（1）拌合物工作性能的调整。在实际施工中，由于原材料等情况的变化，通过实验室值班人员和现场监理工程师对混凝土坍落度和含气率进行适当调整，在保证水灰比不变的前提下调整原则：①坍落度±1cm，每立方米用水量±（2～3）kg；②含气率±1%，引气剂掺量±（0.005～0.01）kg/m³；③砂细度模数±0.2，砂率±1%。

（2）不同施工季节及气候条件的调整。主要对高温季节、低温季节进行调整，根据实验室测得的现场实际凝结时间，通知外加剂厂家调整缓凝高效减水剂的缓凝配方，以满足现场施工需要。

（3）骨料含水及超粒径的调整，在实际施工过程中，骨料含水及超粒径情况经常变化，在开出配料单时，应根据当时骨料情况，扣除骨料中的含水及超粒径，以保证混凝土实际配料与原配合比相同。

第 4 章

# 混凝土拌和与管理

## 4.1 拌和管理

（1）拌合工区对混凝土拌和生产与质量全面负责。试验中心负责对混凝土拌和质量全面监控，动态调整混凝土配合比，并按有关规定进行抽样检验和成型。

（2）混凝土拌和生产时，拌合楼每班设总值班1人，联络员1人，拌和领班1人。配料操作、拌合层监控、放料监控、混凝土标识牌发放等岗位配足人数，以保证拌和生产正常进行。试验中心每班配拌合楼质控人员不少于2人。

（3）为保证混凝土连续生产，拌合楼试验中心值班人员必须坚守岗位，认真负责填写好质量控制原始记录，并做好现场交接班工作。

（4）拌合楼和试验中心应紧密配合，共同把好质量关，对混凝土拌和生产中出现的质量问题应及时协商处理，当意见不一致时，以试验中心的处理意见为准。

## 4.2 混凝土拌和

（1）拌合楼称量设备精度检验由拌合工区负责实施，质量检查部和机电物资部负责联合检查验收。混凝土组成材料的计量装置应在作业开始之前对其精度进行检验，称量设备精度应符合有关规定，确认正常后方可开机。

（2）每班开机前（包括更换配料单），应按试验中心签发的配料单定称，经试验中心质控员校核无误后方可开机拌和。用水量调整权属试验中心质控员，未经当班质控员同意，任何人不得擅自改变用水量。

（3）评定标准材料称量误差不应超过下述范围（按质量计）：

① 水、水泥、粉煤灰、外加剂：±1％；粗细骨料：±2％。

② 当频繁发生较大范围波动，质量无保证时，操作人员应及时汇报试验中心质控员并查找原因，必要时应临时停机，立即检查、排除故障再经校核后开机。

（4）混凝土应充分搅拌均匀，满足施工的工作度要求，其投料顺序为砂＋水泥＋粉煤灰＋（水＋外加剂）→小石→中石→大石→特大石，拌和时间：不加冰混凝土为75s，加冰混凝土为90s。

（5）在混凝土拌和过程中，试验中心拌合楼质控人员对出机口混凝土质量情况加强巡视、检查，发现异常情况时应查找原因及时处理，严禁不合格的混凝土入仓。构成下列情况之一者作为废料处理：

①错用配料单已无法补救，不能满足质量要求；②混凝土配料时，任意一种材料计量失控或漏配，不符合质量要求；③拌和不均匀或夹带生料；④出机口混凝土坍落度超过设计允许值范围。

拌和过程中拌合楼值班人员应经常观察灰浆在拌合机叶片上的粘结情况，若粘结严重应及时清理。交接班之前，必须将拌合机内粘结物清除干净。

（6）配料、拌和过程中出现漏水、漏液、漏灰和电子称飘移现象后应及时检修，严重影响混凝土质量时应临时停机处理。

（7）拌合楼生产人员和质控人员必须在现场岗位上面对面交接班，不得因交接班中断生产。

（8）拌合楼出机口混凝土坍落度控制，应在配合比设计范围内根据气候变化情况和施工过程损失值进行动态控制，如若超出配合比设计调整值范围，应尽量保持 $W/C+F$ 不变情况下调整用水量或外加剂掺量。

第 5 章

混凝土浇筑

混凝土由缆机吊运入仓（局部泵送），大坝混凝土水平运输采用自卸车运输，混凝土由 $2 \times 3m^3$ 拌和系统统一供应，自卸车装料后沿场内公路运至缆机供料平台，卸至缆机吊罐内，再用缆机吊运进浇筑仓面。

## 5.1 浇筑仓面组织

### 5.1.1 一般规定

（1）仓面指挥长全权负责仓面的要料、下料、平仓振捣、温控、排水等组织指挥，协调浇筑过程中出现的各种矛盾，组织处理突发事情，确保混凝土浇筑质量。仓面指挥长应由经过专门培训的队（班）长担任。

（2）现场指挥部负责组织、协调工作，确保各生产环节正常运行，使混凝土有序、均衡、快速地入仓。

（3）开仓浇筑前，当班质检员应依据仓面设计进行详细对照检查，检查内容：人员、材料、手段、机具、备用设施是否到位；模板、钢筋、缝面、预埋件等是否符合要求，如检查情况与仓面设计不符，有权不允许开仓浇筑，然后由仓面指挥长根据仓面的实际情况，安排相应人员尽快处理，使之符合仓面设计要求。

（4）开仓浇筑前，项目部的工程技术人员依据仓面设计对联络员、仓面指挥长、浇筑队班（组）长进行现场技术交底，内容包括浇筑部位高程、面积、开仓时间、混凝土级配种类及分区、仓内标识、浇筑顺序及方式、入仓强度及相应的设备配置、收仓面处理等。

（5）严格实行挂牌上岗。每个仓块都必须有仓面设计。仓面管理人员均应认真履行岗位职责，并按分工填写好施工档案记录。

（6）仓面指挥长必须经过专门培训后挂牌上岗，其综合素质应体现在反应敏捷、高效、有序，能果断处理仓面出现的各种异常情况，自己权限不能解决的问题，应及时向上级主管部门报告，及时进行仓面资源调整和优化，保证仓面浇筑施工顺利进行。

（7）在混凝土现场工作的各级管理人员均应配备通信工具、设定专用频道，保证在浇筑过程中联络畅通，加强信息传递与反馈。

### 5.1.2 浇筑过程组织

（1）混凝土入仓前，一切进入仓内的机具、设施、工具、材料由浇筑队冲洗干净。不允许任何进仓设施和人员带杂物进仓，影响混凝土浇筑质量。

（2）浇筑过程中，各方面专（兼）职人员必须认真坚守岗位：

① 联络员确定混凝土级配种类识别标识后，立即与仓面指挥长及卸料人员联系，明确识别标识，以避免错料、挖仓。

② 联络员要及时把混凝土熟料从拌合楼带到缆机取料点并要经常检查混凝土熟料质量，若遇异常，迅速报告当班质检员进行处理。

③ 对于入仓混凝土熟料的质量情况，联络员应随时向拌合楼反馈，有利于及时鉴别和调整，以利混凝土拌合质量的改进。

④ 仓内排水应选派专人，备好水桶、勺、拖把、布团等，及时排除混凝土泌水（或其他外来水）。

⑤ 模板、钢筋、预埋值班人员应在浇筑过程中经常巡视，不断进行维护和校正，切实避免浇筑中跑模、钢筋变形和预埋件损坏等问题发生。

⑥ 浇筑过程中，值班人员应随时检查，清除黏附在模板、钢筋和预埋件表面的灰浆。

⑦ 仓面平仓人员要配备充足，铁锹、专用钉耙等工具齐全，一旦发现有大骨料分离和集中，应及时进行处理，确保浇筑质量。

⑧ 仓面指挥长严格执行现场交接班制度，采取书面或口头形式将本班的生产情况及其他注意事项向下班次交接清楚，并详细记录双方确认的本班浇筑位置，不准在未交班或未交接清楚的情况下，擅离工作岗位。

⑨ 高、低温季节浇筑时仓面保温、喷雾的专职人员，要认真负责，仓面保温被的覆盖范围应严格按仓面设计要求执行。如保温被、喷雾机有损坏，应及时进行修理或更换。

⑩ 仓面质检人员应跟班盯仓，不得脱岗，并认真填写施工过程中质量检查记录，发现问题及时处理。

⑪ 仓面指挥长应对仓内每一细节全面监控、指挥、统筹安排。充分发挥仓面全体人员的职能，调动仓面全体人员的积极性，确保工序衔接有条不紊，混凝土浇筑连续均衡。

（3）在浇筑过程中，当遇到下列问题时，由仓面指挥长全权负责处理：

① 当混凝土料供应不上或运输设备故障，时间过长，造成大面积初凝，已难以恢复浇筑时，应及时向质检部及监理工程师报告，处理层面并做好停仓准备，然后根据监理工程师指令进行妥善处理。

② 当仓面出现跑模、钢筋变形、预埋件损坏时，应迅速通知有关值班人员修复或更换，并在修复后报请当班质检员确认。

③ 当仓面出现下错料、浇筑超温等情况时，应及时报请质检部和监理值班人员共同判定，并按质检、监理人员的有关处理意见执行。

④ 当仓面出现平仓振捣不及或振捣设备故障时，应及时通知暂缓进料，待已入仓混凝土振捣密实后再行进料。

⑤ 当浇筑中遇大雨、暴雨时，应及时全面覆盖仓面，并将已入仓的熟料振捣完，以避免雨后挖仓。

（4）浇筑过程记录

每一仓的浇筑过程应分工做好浇筑记录。浇筑过程记录按班填写，内容包括手段、顺序、方法、浇筑温度、异常情况处理、各工种专业的责任单位和责任人等。该记录是质量档案管理系统浇筑过程记录表的原始记录。

## 5.2　浇筑方法一般规定

（1）建筑物建基面或老混凝土仓面必须验收合格后，方可进行混凝土浇筑的准备工作。

（2）建基面覆盖时应认真做好仓内排水工作。基岩集中渗水处，应钻孔埋管将地下水排出仓外，浇筑后再灌浆封堵埋管，不能埋管引排的岩面或裂隙渗水，在浇筑过程中，应及时引向低处集中，人工排出仓外，严禁用混凝土压水赶水。

（3）与基岩面接触的混凝土，采用增大砂率的同强度等级富浆二级配混凝土，铺料坯层厚度（30±3）cm；老混凝土面水平施工缝接缝混凝土，采用增大砂率的同强度等级富浆二级配混凝土，铺料坯层厚度（20±2）cm；连续浇筑的混凝土面水平施工缝接缝混凝土，采用增大砂率的同强度等级富浆三级配混凝土，铺料坯层厚度（20±2）cm。

（4）混凝土入仓时，最大骨料粒径 150mm 的四级配混凝土自由下落的垂直落距以 1.0～1.5m 为宜，三级配混凝土其垂直落距不大于 2m，对于钢筋密集区控制在 50cm 以内，对于布设有两层以上钢筋网区，适当调整混凝土配合比，减小大石含量，或降低级配。

（5）混凝土的浇筑，应按一定的厚度、次序、方向分层进行。在竖井、门槽、廊道等周边浇筑混凝土时，两侧混凝土要均匀上升，其高差不得超过一个坯层。

（6）混凝土浇筑应保持连续性

① 混凝土浇筑间歇时间应通过试验确定，仓面混凝土初凝及浇筑温度控制在允许范围内。

② 如局部初凝，未超过允许面积（上游迎水面 15m 以内无初凝现象，其余部位初凝累计面积不超过 1%，并经处理合格），则在初凝部位铺水泥砂浆或小级配混凝土后可继续浇筑。

（7）混凝土入仓应遵守的规定

① 仓内有低塘或斜面，应按先低后高进行卸料浇筑。

② 迎水面的仓位，应由迎水面至背水面，把泌水赶至背水面部分，然后处理泌水。

③ 铺料厚度应根据拌和能力、运输距离、浇筑速度、气温及振捣设备的性能等因素确定。一般情况下，浇筑层的允许最大厚度，不应超过表 5.1 规定的数值；山口拱坝工程大体积混凝土浇筑层厚度一般为 0.5m。

表 5.1　混凝土浇筑层的允许最大厚度

| 项次 | 振捣器类别 | | 浇筑层允许最大厚度 |
|---|---|---|---|
| 1 | 插入式 | 机械操纵 | 振捣器工作长度的 1.0 倍 |
| | | 人工操纵 | 振捣器工作长度的 0.8 倍 |
| | | 人工操纵软轴 | 振捣器头长度的 1.25 倍 |
| 2 | 平板式 | 无筋或单层筋 | 25cm |
| | | 双层钢筋 | 20cm |

（8）平层浇筑法

大坝混凝土宜采用平铺法浇筑。采用台阶法浇筑时，台阶宽度需大于 8m。浇筑振捣层厚度应控制为 30～50cm。应按一定厚度、次序、方向，分层进行且浇筑层面平整。特殊情况采用其他方法时需经监理人批准。平层浇筑如图 5.1 所示。

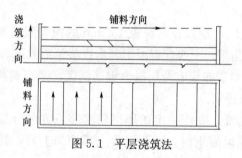

图 5.1　平层浇筑法

# 5.3　混凝土浇筑

## 5.3.1　混凝土布料、平仓

（1）测量人员负责安排在周边模板上画线放样，标识桩号、高程，工程技术部技术员绘制平仓控制线，用于控制摊铺层厚等；对不同级配或强度等级混凝土之间的混凝土分界线应进行放样，并根据放样点在模板上进行标识。

（2）混凝土摊铺作业按条带法进行施工，条带宽度 4m，从一侧横缝至另一侧横缝进行铺料，整个仓号按照从下游至上游的方向进行条带卸料平仓。

（3）第一坯层混凝土浇筑时，先铺 2～3 罐料，平仓振捣形成约 4m×8m 的平台后，平仓机行驶至该平台上进行平仓作业，待形成一个 4m 宽的条带后，平仓机和振捣臂机均在条带上作业。

（4）采用平仓机平仓，平仓机运行时履带不得破坏已振捣好的混凝土，人工辅助边缘部位及其他被指定或认可部位的平仓作业，人工操作由仓面指挥长指挥，当班质检员监督。

（5）送入仓内的混凝土应及时平仓，不得堆积。仓内若有粗骨料分离堆叠时，应均匀地分布于砂浆较多处，不得用水泥砂浆覆盖，以免造成内部蜂窝。

（6）不合格的混凝土熟料严禁入仓；已入仓的不合格的混凝土必须清除。混凝土浇筑期间，如果表面泌水较多，应及时清除；严禁在模板上开孔赶水，带走灰浆。

（7）在下列情况下应用人工平仓。人工平仓用铁锹，平仓距离不超过 3m。

① 在靠近模板和钢筋较密的地方，用人工平仓，使骨料分布均匀。

② 水平止水、止浆片底部要用人工送料填满，严禁料罐直接下料，以免止水、止浆片卷曲和底部混凝土架空。

③ 门槽埋件等空间狭小的二期混凝土。

④ 各种预埋件、仪器周围用人工平仓，防止位移和损坏。

## 5.3.2　振捣

（1）混凝土浇筑应先平仓后振捣，严禁以振捣代替平仓。振捣时间以混凝土不再显著下沉、水分和气泡不再逸出并开始泛浆为准。振捣时间和混凝土坍落度、骨料类型及最大粒径、振捣设备的性能等因素有关，具体振捣时间在现场通过试验确定。振捣时间过长，不但降低工效，且使砂浆上浮过多，石子集中下部，混凝土产生离析，严重时，整个浇筑层呈"千层饼"状态。

（2）振捣在平仓之后立即进行。素混凝土或钢筋稀疏的部位，选用大直径的振捣棒；坍落度小的干硬性混凝土，选用高频和振幅较大的振捣器。振捣作业路线保持一致，并按顺序依次进行，以防漏振。振捣棒尽可能垂直地插入混凝土，如振捣棒较长或把手位置较高，垂直插入感到操作不便时，也可略带倾斜，但与水平面夹角不小于 45°，且每次倾斜方向应保持一致，否则下部混凝土将会发生漏振。这时作用轴线应平行，如不平行也会出现漏振点，如图 5.2 所示。

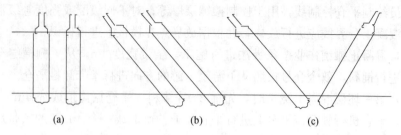

图 5.2　插入式振捣器操作示意图

（a）直插法；（b）斜插法；（c）错误方法

（3）振捣棒操作要求

振捣棒应快插、慢拔。为使上下层混凝土振捣密实均匀，可将振捣棒上下抽动，抽动幅度为 5～10cm。振捣棒的插入深度，在振捣第一层混凝土时，以振捣器头部不碰到基岩或老混凝土面，但相距不超过 5cm 为宜；振捣上层混凝土时，则应插入下层混凝土 5cm 左右，使上下两层结合良好。在斜坡上浇筑混凝土时，振捣棒仍应垂直插入，并且应先振低处，再振高处，否则在振捣低处的混凝土时，已捣实的高处混凝土会自行向下流动，致使密实性受到破坏。软轴振捣棒插入深度为棒长的 3/4，过深软轴和振捣棒结合处容易损坏。

（4）振捣器有效半径及衔接要求

振捣器插入间距控制在振捣器有效作用半径的 1.5 倍以内，实际操作时也可根据振捣后在混凝土表面留下的圆形泛浆区域能否在正方形排列（直线行列移动）的 4 个振捣孔径的中点 ［图 5.3（a）］，或三角形排列（交错行列移动）的 3 个振捣捣孔位的中点 ［图 5.3（b）］ 相互衔接来判断。

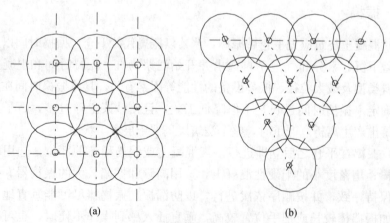

图 5.3　振捣孔位布置

（a）正方形分布；（b）三角形分布

（5）在模板边、预埋件周围，适当减小插入间距，以加强振捣，但不小于振捣棒有效作业半径的 1/2，并注意不能触及钢筋、模板及预埋件，以保证埋件不受损坏，且与混凝土之间不出现任何空隙。

（6）为提高工效，振捣棒插入孔位尽可能呈三角形分布。三角形分布较正方形分布工效可提高 30%，将几个振捣器排成一排，同时插入混凝土中进行振捣，这时两台振捣器之间的混凝土可同时接收到这两台振捣器传来的振动，振捣时间可因此缩短，振动作用半径也即加大。

（7）出现砂浆窝时应将砂浆铲出，用脚或振捣棒从旁将混凝土压送至该处填补，不可将别处石子移来（重新出现砂浆窝）。如出现石子窝，按同样方法将松散石子铲出同样填补。

（8）振捣中发现泌水现象时，应经常保持仓面平整，使泌水自动流向集水地点，并用人工刮除。集水地点严禁设置在预埋件周边。泌水未引走或刮除前，不得继续铺料、振捣。集水地点不能固定在一处，应逐层变换掏水位置，以防弱点集中在一处，也不得在模板上开洞引水自流或将泌水表层砂浆排出仓外。

（9）使用平板式振捣器振捣时，遇单层钢筋，混凝土厚度不超过 25cm；遇双层钢筋，不超过 15cm。

（10）每层沿铺料路线逐行进行振捣，两行之间要搭接 5cm 左右，以防漏振。振捣时间仍以混凝土不再显著下沉、气泡和水分不再逸出、表面开始泛浆为准。在往返移动振捣器时，要注意电缆线勿被模板、钢筋露头等挂住，防止拉断或造成触电事故。

（11）使用平板振动器工作时，要经常检查电动机脚座、机壳和振板是否完好，连接是否牢固。如有裂纹或松动现象，应立即停机进行修理或重新紧固。电动机外壳要设法尽量不沾或少沾上水泥浆，以利散热。

（12）当结构钢筋较密、振捣器难以施工，或混凝土有埋件、观测仪器周围、混凝土振捣力不宜过大时，采用人工捣固。人工捣固要求：

① 坍落度大于 5cm。

② 铺料厚度小于 20cm。

③ 人工捣固工具有捣固锤、捣固杆和捣固铲。捣固锤用于捣固混凝土表面；捣固铲用于插边；捣固杆用于钢筋稠密区。

（13）山口拱坝工程配置 4 头振捣机，振捣机振动效果如图 5.4 所示：

（14）振捣机振捣操作方法

① 混凝土铺料到具备振捣条件时，启动振捣机移动到位，垂直降低机头，使机头振捣棒组平滑地插入混凝土。

② 振捣棒组插入到位后，开始持续地进行振捣，振捣至混凝土表面有气泡

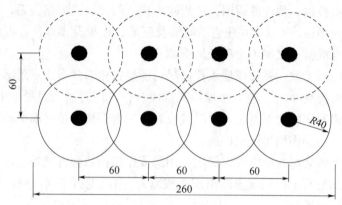

图 5.4　振捣机振动效果示意图（单位：cm）

排出并且表面泛浆连成一片，持续振捣时间 15s 或由现场生产试验确定，不得欠振。

③ 振捣棒组慢慢地拔出，拔出速度约 5cm/s，拔起过程约需 10s 时间。

④ 从振捣棒组开始插入到拔出完毕为一个振捣周期，一个周期完成后，以 60cm 的倍数尺寸水平移动振动机头，和上一振捣区搭接，开始下一循环的振捣。移动振捣棒组，应做到与前次振捣区按规定距离搭接，避免漏振或过振。

⑤ 振捣机只能用于无钢筋的大体积混凝土浇筑区域施工，对于边角、止水片、廊道附近及钢筋区等部位，还需配备一定数量的手持插入式振捣器辅助施工。

⑥ 振捣机振捣时会产生较大的侧压力，作业时振捣棒头离模板的距离以 1m 左右为宜。

## 5.4　基础面及施工缝面处理

### 5.4.1　基础面处理

基础面处理应满足下述各项要求：

（1）无浮石，无松动岩块，锤击合格。

（2）断层、裂隙密集带、挤压破碎带、交汇囊状风化带、软弱夹层等软弱破裂物均已清除，经监理、地质、设计验收合格。

（3）建基面内有地下水出漏时，已做引流处理；在混凝土浇筑前应清除基岩面上的油污、碎屑、焊渣、泥土等杂物，撬除松动岩块，并加以冲洗。冲洗时应尽量用较大的风水枪，特别注意岩面凹部，直到流出清水为止。

（4）止水部位断层塞、止水坑、止浆槽塞拉筋孔均达到要求。

（5）坝基建基面宜平整，平面及剖面形状应符合设计施工详图要求。

（6）基础面对应力集中很敏感，故建基面不得有凸头、尖角、横坡面应连续均匀，不得出现台阶。

## 5.4.2　施工缝处理

混凝土施工缝处理应遵守下列规定：

（1）已浇好的混凝土，在强度尚未达到 2.5MPa 前，不得进行下道工序的仓面准备工作。

（2）混凝土缝面采用 25～50MPa 高压水冲毛，并清洗干净、排除积水后交付备仓。高压水冲毛应在混凝土终凝后进行，具体开始时间和冲毛时间由试验确定。

（3）如采用压力水等方法进行混凝土毛面加工时，冲毛时机和持续时间也应由试验确定。

（4）混凝土施工缝面应无乳皮，微露粗砂。

## 5.4.3　高压水冲毛

（1）GCHJ70/50F 型高压水冲毛机的主要技术参数如下：

① 适用于抗压强度在 45MPa 以下混凝土表面处理。

② 按不同强度，其冲毛效率为 $40～100m^2/h$。

③ 冲毛后的混凝土表面呈粗砂状。

④ 最大工作压力：60MPa，最大工作半径：60m，供水压力：0.2MPa。

⑤ 整机质量 2300kg，外形尺寸 2600mm×1100mm×1800mm。

（2）高压水冲毛作业前，应注意仓面养护水的控制，除正常养护用水外，应避免出现积水，以免形成水垫，降低冲毛效果。同时，仓面堆积物也应清除，以免增加冲毛难度，影响冲毛质量。

（3）高压水冲毛机的布置位置，应遵从尽量减少高压胶管长度的原则，一般单根胶管长度最好不超过 60m。冲毛机台数应根据仓位面积、冲毛机效率和允许作业时间来选定。

（4）冲毛机冲毛作业时，每支喷枪必须由操作人员持紧，将枪口对准冲毛部位（严禁枪口对人）。

（5）枪头距冲毛面 100～150mm，夹角 75°左右，按射流与混凝土表面接触的轨迹（宽带状）自左向右进行扫描，每排扫描应有少量重叠，以免漏冲。

（6）冲毛机高压胶管应保持平顺，不得弯折，并应经常检查，若有损伤，应及时更换。

（7）冲毛标准：去除乳皮、微露粗砂、表面粗糙、清理干净。

（8）冲毛机的操作人员应经专门培训后才能上岗。

### 5.4.4 其他方法打毛

除高压水冲毛外，混凝土缝面处理还有人工凿毛方法。该方法只能在高压水冲毛方法难以施行的特殊部位或有特殊毛面处理要求的部位使用。施工缝面凿毛应凿成全毛，采用凿毛方法处理要做到"无乳皮、无松动骨料、粗骨料外露不超过1/3"。

## 5.5 特殊气候条件下的施工

### 5.5.1 雨期施工

（1）降雨强度大于 0.3mm/6min 时，则不能开浇任何露天的混凝土；如果浇筑过程中降雨强度大于 0.3mm/6min 时，立即终止混凝土入仓作业，已入仓的混凝土将表面覆盖，防止雨水混入并冲刷混凝土，尽快将混凝土平仓捣实。

（2）雨期施工，应做好以下工作：

① 浇筑仓面应有足够的防雨设施，每仓应备雨布不小于仓面面积。

② 运输工具应有防雨及防滑设施。

③ 加强砂、骨料含水量的测定工作，注意调整拌和用水量。

（3）在混凝土浇筑过程中降雨小于 0.3mm/6min 时，继续浇筑，但应采取下列措施：

① 浇筑队负责处理雨天混凝土施工中的及时遮盖、排水、接头处理等问题。

② 适当减少混凝土拌和用水量和出机口混凝土的坍落度，必要时应适当缩小混凝土的水胶比。

③ 加强仓面积水的排除工作和防止周围雨水流入仓内。

④ 做好新浇混凝土面尤其是接头部位的保护工作。

（4）无防雨篷的仓面，在浇筑过程中，如遇大雨、暴雨，应立即停止浇筑，已入仓混凝土应振捣密实后遮盖。雨后必须先行排除仓内积水，受雨水冲刷的部位应立即处理。如停止浇筑的混凝土尚未初凝还能重塑时，应加砂浆继续浇筑，否则应按施工缝处理。

（5）对抗冲、耐磨，需要抹面部位及其他高强度等级混凝土不允许在雨天施工。

（6）及时了解天气预报，合理安排施工。

### 5.5.2 低温季节施工

（1）混凝土的拌和时间应比常温季节适当延长，具体通过试验确定。已加热骨料和混凝土，宜缩短运距，减少倒运次数。

（2）在施工过程中，应控制并及时调节混凝土的机口温度，尽量减少波动，保持浇筑温度均匀。控制方法以调节拌和用水温为宜。提高混凝土拌合物温度的方法：首先应考虑加热拌合用水；当加热拌和用水尚不能满足浇筑温度要求时，应加热骨料。水泥不得加热。

（3）拌和用水加热超过 60℃时，应改变拌和加料顺序，将骨料与水先拌和，然后加入水泥，以免水泥假凝。

（4）混凝土浇筑完毕后，外露表面应及时保温。新老混凝土接合处和边角处应做好保温，保温层厚度应是其他保温层厚度的 2 倍，保温层搭接长度不应小于 30cm。

（5）在低温季节浇筑的混凝土，拆除模板应遵守下列规定：

① 非承重模板拆除时，混凝土强度必须大于允许受冻的临界强度或成熟度值。

② 承重模板的拆除应经过计算确定。

③ 拆模时间及拆模后的保护，应满足温控防裂要求，并遵守内外温差不大于 20℃或 2～3d 内混凝土表面温降不超过 6℃。

### 5.5.3  高温季节施工

尽量避免高温时段浇筑混凝土，若高温时段浇筑混凝土时，应采取降低入仓温度、加快上坯层混凝土的覆盖时间、新浇混凝土面保温隔热、仓面喷雾、流水降温、加强通水冷却等措施。

## 5.6  泵送混凝土施工

（1）泵送混凝土采用 6m³ 搅拌运输车运料，卸料至混凝土输送泵集料斗。

（2）安装混凝土导管前，应彻底消除管内污物及水泥砂浆，并用压力水冲洗干净。安装后应注意检查，防止漏浆。在泵送混凝土之前，应先在导管内通水泥砂浆润滑管路。

（3）泵送过程中，不允许为提高混凝土的流动性，而在泵的受料斗处加水拌和。

（4）泵送混凝土浇筑过程中，应采取的措施：

① 泵送混凝土应使用混凝土搅拌车运输，边运输边搅拌，以保证混凝土质量。

② 泵送混凝土应保持工作的连续性，如因故中断时，则应经常使混凝土泵转动，以免导管堵塞。在正常温度下，如间歇时间过久（超过 45min），应将存

留在导管内的混凝土排出，并加以清洗。

③ 当泵送混凝土工作告一段落后，应及时用压力水将导管冲洗干净。

④ 混凝土入仓采取一端逐段向另一端进料的方式。同时，灌浆平洞等洞室混凝土浇筑时要注意顶拱部分混凝土回填，不得出现脱空现象。封拱时，混凝土泵在一定时间内应保持一定压力连续供料，使其混凝土充填密实。

## 5.7  特殊部位（高流速区）施工

### 5.7.1  混凝土表面平整度要求

（1）过流面不允许有垂直升坎或跌坎。

（2）各种孔口的有压段和门槽区，不平整度控制在 3mm 以下，纵向坡控制在 1：30 以下，横向坡控制在 1：10 以下。其余部位不平整度均控制在 3mm 以下，纵向坡在 1：20 以下，横向坡在 1：5 以下。

（3）混凝土表面在 1.5m 范围内的凸凹值控制在 3mm 以下。混凝土表面不允许残留钢筋头和其他施工埋件，不允许存在蜂窝、麻面及深度＞3mm 的气泡、孔洞，不允许残留混凝土砂浆和挂帘等。凸凹度是用 1m 直尺或模型架测读。

（4）表面采用人工和机械抹面，满足平整度要求。如用机械抹面，应避免骨料过度下沉而降低表层混凝土的抗冲耐磨性能和发生裂缝。

（5）表面应光洁平整，接缝严密不漏浆，以保证混凝土表面的平整度和混凝土的密实性。上下层模板要校正，支撑和拉条要牢固，以防模板"错台"、走样。

### 5.7.2  浇筑工艺

抗冲耐磨混凝土施工，除应遵守本章所述一般规定外，尚应遵守以下规定：

（1）对抗冲、耐磨混凝土不允许在大、中雨天施工，在小雨中浇筑应搭设防雨篷，未抹面或刚抹面的混凝土，可用塑料布覆盖防雨，严防雨水流入新浇混凝土。

（2）表面抗冲耐磨混凝土和下层结构混凝土尽可能一次浇筑，浇筑时严防强度等级错乱，当分开浇筑时，高低强度等级之间的施工缝面应细致认真地处理，保证在无水而又湿润的条件下浇筑上层抗冲磨混凝土，层间尽可能短间歇上升，间歇期不超过 7d。

（3）采用原浆抹面，严禁施工过程中加水泥和水。

（4）养护对抗冲耐磨混凝土尤为重要，混凝土浇筑抹面后应立即养护，建议采用早期喷雾，防止早期因失水产生塑性裂缝，过 1～2d 后改用麻袋覆盖并洒水养护，既防干缩又防寒潮冲击。养护期不少于 90d。

（5）施工后，检查高流速区表面，如有必要，应进行表面打磨修补处理，并报监理工程师批准。

## 5.8　大坝混凝土前期混凝土施工

前期混凝土是大体积混凝土浇筑前必须完成的混凝土工程，如横缝的止水坑回填、基础断层、裂隙密集带置换或处理槽塞混凝土回填、陡坡坝段接触灌浆止浆体。要求与坝体混凝土分开先行浇筑，形成拱坝基础的一部分，混凝土收仓顶面应保证拱坝建基面形状并与周围岩基面平顺衔接。

### 5.8.1　止水坑回填

（1）止水坑开挖合格，止水片按设计要求安装完成，经验收合格后用微膨胀混凝土回填至周围基岩平齐。混凝土必须振捣密实，并注意养护。

（2）回填混凝土强度等级，采用与相邻大坝基础混凝土强度等级相同的二级配微膨胀混凝土。岩基槽内岩石面有渗水或外来水时，应采取措施确保回填混凝土的质量。

（3）止水坑内混凝土整体浇筑，不设缝。

（4）止水坑回填混凝土强度达到 2.5MPa 后，方可进行大体积混凝土浇筑。

（5）止水坑混凝土顶面为施工缝，应进行凿毛、冲洗以保证与坝体整体性。

### 5.8.2　止浆片基座

（1）基座混凝土的强度等级与坝体基础混凝土相同。基座混凝土强度达到 2.5MPa 后方可浇筑坝体一期混凝土。

（2）必须保证止浆片基座和基岩良好结合，因此基座混凝土浇筑前须做好清基，松动的岩石要挖除，基座插筋要达到设计深度，插筋孔内注浆要密实。

（3）基座混凝土拆模后，应在混凝土表面涂一层沥青，以免大体积混凝土收缩变形将基座拉裂，或使基座混凝土脱开基岩。但必须注意沥青不要沾污止浆片，以保证止浆片和坝体混凝土结合良好。

（4）基座混凝土和止浆片施工完成后，要妥善保护，防止基座被砸坏或止浆片被破损而失去应有作用。

### 5.8.3　混凝土置换或传力槽塞

（1）坝基发育的断层带或裂隙密集带采用混凝土置换、传力结构处理。结构形式详见有关设计文件。

（2）置换传力槽塞按设计要求开挖完成后应认真清基。清基要求按一期混凝土基岩面的清基要求。已开挖好的槽塞，必须经正式验收后，方可进入下一道工序的施工。

（3）槽塞的接触灌浆预埋管、配筋，必须按施工图纸和设计变更通知施工，并要求做好记录。

（4）槽塞混凝土的强度等级与坝体基础混凝土相同。对岩基深度超过 3m 的槽回填混凝土，应采用分层浇筑或通水冷却等温控措施，以控制混凝土最高温度，将回填混凝土温度降低到设计要求的温度后，再继续浇筑上部混凝土。

### 5.8.4 仓面清基

（1）坝基按开挖要求验收后，在混凝土浇筑前应清除基岩面上的油污、碎屑、焊渣、泥土等杂物，撬除松动岩块，并加以冲洗。坝基冲洗时应尽量用较大压力的风水枪，特别注意岩面凹部，直到流出清水为止。

（2）如基岩面有较大面积的光面，应打毛以形成糙面。

（3）混凝土浇筑前，应使已清理过的基岩面保持清洁湿润，并不得有积水存在。

第 6 章

# 混凝土施工温控指标

## 6.1 研究目的和仿真计算

### 6.1.1 研究目的

拱坝一般比较单薄，对外界气温和水温的变化比较敏感，坝内温度变化比较大。除了坝顶为自由边界外，接缝灌浆后受到基岩的约束较强，温度变形受到的外界约束比较大，因此温度应力对拱坝安全的影响非常显著。鉴于某山口拱坝地区的气候特点，在本地区修建混凝土拱坝防裂任务艰巨，防裂难点主要集中在以下几点：

（1）在基岩面上要浇筑 3m 厚的混凝土盖板，然后停歇 2 个月左右以便进行基础固结灌浆。这是典型的薄层长间歇混凝土，且根据拟订的浇筑计划，盖板混凝土安排在 2010 年气温较高的夏季施工，很容易产生贯穿性裂缝。

（2）大坝所在地区冬季寒冷，全年寒潮频繁，且昼夜温差大，控制坝体上、下游表层混凝土的内外温差防止表面裂缝的难度较大。

（3）大坝每年可施工期为 4—10 月，11 月—次年 3 月份停工越冬，越冬水平面防裂及附近新老混凝土之间的上、下层温差控制也是比较难解决的一个问题。

（4）大坝的稳定温度较低，接缝灌浆前需要通水冷使坝体降至封拱温度，此阶段有可能产生较大温度应力，对坝体防裂不利。

### 6.1.2 仿真计算

通过仿真计算可以对某拱坝的温度控制进行精心设计，以有效防止裂缝的产生。仿真计算的含义如下：① 完全模拟混凝土分层施工、接缝灌浆的实际过程，从浇筑第一方混凝土开始，经过施工和运行，到坝体完全冷却达到稳定（准稳定）温度状态结束计算；② 荷载包括温度、水压力和自重，均用增量法计算；③ 边界条件，包括气温、水温、表面放热系数及上下游水位变化，均模拟实际情况；④材料参数，如混凝土弹性模量、徐变、绝热温升、抗拉强度等均随着各层混凝土的实际龄期而变化。

进行大量仿真计算，旨在遴选不同月份施工时大坝混凝土的温控措施及温度控制指标，以反馈给设计人员、指导施工，达到大坝混凝土施工期防裂的目的。

施工期为保证监测大坝运行期的应力状态满足要求，有必要根据现场取得的施工资料，如气象资料、浇筑温度、浇筑方案、实际采用的温控方案、大坝的蓄水情况、度汛情况等、反演得到的热力学参数，对整个大坝运行期的温度场和应力场进行预报。

此外，某山口拱坝在施工期的施工方案将会根据现场的实际情况进行调整，混凝土实际的力学、热学和变形性能与前期计算分析中根据其他工程资料确定的性能参数会有所不同，这些因素都对混凝土坝的温度场和应力场有较大的影响。因此，必须根据变化了的施工方案、混凝土的性能参数，在施工期进行跟踪仿真分析和温控防裂研究，从而为调整施工方案和相应的温控防裂方案提供依据。

## 6.2 计算基本资料及边界条件

某地区多年平均气温5℃，不同月份的多年月平均气温见表6.1。

**表6.1 山口拱坝多年月平均气温**

| 月份 | 1 | 2 | 3 | 4 | 5 | 6 | 7 | 8 | 9 | 10 | 11 | 12 |
|------|------|------|------|-----|------|------|------|------|------|-----|------|------|
| 气温（℃） | −16.4 | −13.3 | −3.5 | 8.4 | 16.2 | 21.3 | 22.5 | 20.5 | 14.3 | 6.2 | −3.3 | −13.4 |

某河冰情一般发生在11月上旬—次年4月中旬，并且冰盖较厚，河水水温在5—10月平均值为9.3℃，不同月份的多年月平均水温见表6.2。

**表6.2 山口拱坝多年月平均水温**

| 月份 | 4 | 5 | 6 | 7 | 8 | 9 | 10 |
|------|-----|-----|------|------|------|------|-----|
| 水温（℃） | 3.1 | 9.4 | 13.9 | 17.3 | 17.2 | 12.3 | 5.0 |

混凝土的热力学参数见表6.3～表6.5。

**表6.3 混凝土材料热学参数统计表**

| 配合比编号 | 混凝土部位及强度等级 | 比热（kJ/kg·℃） | 导温系数（m²/h） | 热膨胀系数（10⁻⁶/℃） |
|------------|---------------------|------------------|-------------------|------------------------|
| 1 | A（Ⅰ）：$C_{90}30W10F400$；三级配 | 0.951 | 0.0038 | 9.25 |
| 2 | A（Ⅱ）：$C_{90}30W10F400$；四级配 | 0.897 | 0.0035 | 9.98 |

**表 6.4　混凝土材料绝热温升公式**

| 配合比编号 | 混凝土部位及强度等级 | 绝热温升（℃） | 弹性模量（GPa） |
|---|---|---|---|
| 1 | A（Ⅰ）：$C_{90}30W10F400$：三级配 | $T=26.66d/（2.22+d）$ | $30.4×（1-e^{-0.196t^{0.626}}）$ |
| 2 | A（Ⅱ）：$C_{90}30W10F400$：四级配 | $T=28.97d/（2.88+d）$ | $29.5×（1-e^{-0.218t^{0.592}}）$ |

**表 6.5　混凝土自身体积变形统计表**

| 混凝土部位 | 自生体积变形（$×10^{-6}$） | | | | | | | | | | | |
|---|---|---|---|---|---|---|---|---|---|---|---|---|
| | 3d | 7d | 14d | 21d | 28d | 45d | 65d | 90d | 100d | 120d | 150d | 180d |
| A（Ⅰ） | -3.4 | -5.9 | -6.8 | -8.8 | -11.5 | -12.8 | -12.7 | -13.0 | -12.5 | -12.1 | -11.2 | -10.6 |
| A（Ⅱ） | -3.0 | -5.1 | -7.5 | -9.6 | -12.1 | -14.5 | -17.8 | -17.4 | -16.3 | -15.5 | -15.1 | -13.9 |

混凝土的徐变度采用如下公式：

$$C（t，\tau）=\left(A_1+\frac{B_1}{\tau}\right)[1-e^{-r_1(t-\tau)}]+\left(A_2+\frac{B_2}{\tau}\right)[1-e^{-r_2(t-\tau)}]$$

山口拱坝混凝土徐变度参数见表 6.6。

**表 6.6　混凝土徐变度参数统计表**

| 混凝土部位 | 徐变度参数 | | | | | |
|---|---|---|---|---|---|---|
| | $A_1$ | $A_2$ | $B_1$ | $B_2$ | $r_1$ | $r_2$ |
| A（Ⅰ） | 3.48 | 12.85 | 49.11 | 17.22 | 0.3 | 0.005 |
| A（Ⅱ） | 3.48 | 12.85 | 49.11 | 17.22 | 0.3 | 0.005 |

基岩的力学参数见表 6.7。

**表 6.7　某山口拱坝基岩力学参数表**

| 天然密度 $\rho$（g/cm³） | 泊松比 $\upsilon$ | 弹性模量（GPa） |
|---|---|---|
| 2.73 | 0.23 | 20 |

冷却水管参数表见表 6.8。

**表 6.8　冷却水管特性表**

| 材料 | 管外径（mm） | 管内径（mm） | 每卷长（m） | 导热系数 [kJ/（m·h·℃）] | 拉伸屈服应力（MPa） |
|---|---|---|---|---|---|
| 聚乙烯管 | 32 | 30 | 200 | 1.67 | ≥20 |

不同保温材料参数表见表 6.9。

表 6.9  保温材料特性表

| 材料 | 导热系数［W/（m·K）］ |
|---|---|
| XPS 挤塑板 | 0.028 |
| 聚氨酯保温发泡材料 | 0.024 |
| 聚苯乙烯泡沫板 | 0.04 |

根据《混凝土重力坝设计规范》(SL 319—2005)，某山口大坝混凝土不同龄期温度应力控制按下式进行：

$$\sigma \leqslant \frac{\varepsilon_p E_c}{K_f}$$

式中   $\sigma$——各种温差所产生的温度应力之和，MPa；

$\varepsilon_p$——混凝土极限拉伸值的标准值，重要工程须通过试验确定；

$E_c$——混凝土弹性模量标准值；

$K_f$——安全系数，取 1.5。

不同龄期混凝土抗拉强度见表 6.10，图 6.1 为不同龄期混凝土允许抗拉强度随龄期的变化曲线。

表 6.10  某山口大坝混凝土不同龄期允许抗拉强度

| 混凝土部位 | 不同龄期混凝土允许抗拉强度（MPa） | | | | | | |
|---|---|---|---|---|---|---|---|
| | 1d | 3d | 7d | 14d | 28d | 90d | 180d |
| A（Ⅰ） | 0.21 | 0.44 | 0.72 | 1.02 | 1.36 | 1.79 | 1.84 |
| A（Ⅱ） | 0.20 | 0.43 | 0.74 | 1.09 | 1.52 | 2.13 | 2.27 |

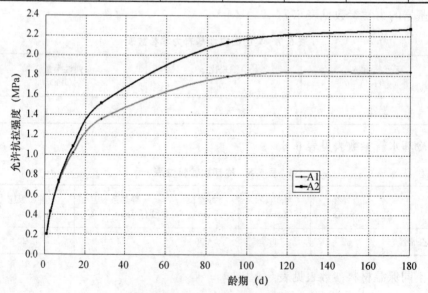

图 6.1  大坝不同部位混凝土不同龄期允许抗拉强度

## 6.3　计算模型

采取三维有限元进行仿真计算，为了考虑接缝灌浆对坝体的作用，计算模型采用了相邻的 3 个拱冠坝段。整体坐标系坐标原点位于大坝上游坝踵处，$X$ 向为水流方向，正向为上游指向下游，$Y$ 向为垂直水流方向，正向为右岸指向左岸，$Z$ 向为竖直方向，正向为竖直向上。为保证计算精度，坝体沿上下游方向剖分 8 份，高度方向每 0.5m 剖分一层，三维有限元计算模型见图 6.2，采用 8 节点等参空间单元，共计 15036 个单元，17876 个节点。

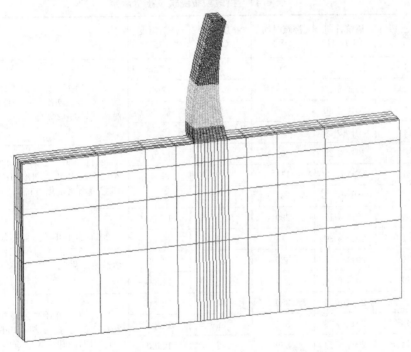

图 6.2　某山口拱坝拱冠坝段三维有限元计算网格图

根据设计拟订的浇筑方案和接缝方案，施加各种荷载的综合作用（如混凝土自重、水压力、温度变化、徐变松弛等），并考虑坝体不同分区混凝土的绝热温升、弹性模量、徐变度等材料热力学性能随时间的变化，对拱冠的 3 个坝段进行仿真计算。两侧的两个坝段作为中间坝段的计算约束条件，只整理中间坝段的计算结果。

温度场计算中：地基底面、地基 4 个侧面以及坝段横缝为绝热边界。坝体上下游面在蓄水前按第三类边界（坝面与空气接触）处理；蓄水以后，在水面以上为第三类边界，水面以下覆盖保温板也按第三类边界处理。

应力场计算中：地基底面按固定支座处理，地基在上下游方向按 X 向简支处理，地基沿坝轴线方向的两个边界按 Y 向简支处理。坝体侧面在接缝灌浆后施加 Y 向法向约束，其余为自由边界。

## 6.4 拱冠坝段施工及接缝灌浆模拟

拱冠坝段坝基高程为 555m，坝顶高程为 649m，坝高 94m。根据相关单位提供的资料，拱冠坝段浇筑及接缝灌浆情况见表 6.11。

表 6.11 拱冠坝段浇筑及接缝灌浆

| 浇筑层 | 浇筑日期<br>（年-月-日） | 浇筑时间<br>（天） | 每层高度<br>（m） | 浇筑温度<br>（℃） | 接缝灌浆 |
|---|---|---|---|---|---|
| 1 | 2010-6-20 | 0 | 3 | 12.00 | |
| 2 | 2010-8-15 | 56 | 6 | 12.00 | 2010-10-1 开始二期冷却，15d；2011-4-15 三期冷却；2011-5-15 接缝灌浆，共 12m 高 |
| 3 | 2010-8-30 | 71 | 9 | 12.00 | |
| 4 | 2010-9-14 | 86 | 12 | 12.00 | |
| 5 | 2010-9-29 | 101 | 15 | 12.00 | 2011-5-30 二期冷却，15d；2011-7-15 开始三期冷却；2011-8-15 接缝灌浆，共 9m 高 |
| 6 | 2010-10-14 | 116 | 18 | 8.00 | |
| 7 | 2010-10-29 | 131 | 21 | 8.00 | |
| 8 | 2011-4-15 | 299 | 24 | 10.00 | 2011-10-1 开始二期冷却，15d；2012-4-15 三期冷却；2012-5-15 接缝灌浆，共 12m 高 |
| 9 | 2011-4-30 | 314 | 27 | 10.00 | |
| 10 | 2011-5-15 | 329 | 30 | 12.00 | |
| 11 | 2011-5-30 | 344 | 33 | 12.00 | |
| 12 | 2011-6-14 | 359 | 36 | 12.00 | 2011-10-1 开始二期冷却，15d；2012-5-30 三期冷却，15d；2012-7-15 四期冷却；2012-8-15 接缝灌浆，共 12m 高 |
| 13 | 2011-6-29 | 374 | 39 | 12.00 | |
| 14 | 2011-7-14 | 389 | 42 | 12.00 | |
| 15 | 2011-7-29 | 404 | 45 | 12.00 | |
| 16 | 2011-8-13 | 419 | 48 | 12.00 | 8 月份混凝土开始二期冷却，15d；2012-8-15 三期冷却，15d；2012-10-15 四期冷却；2012-11-15 接缝灌浆，共 12m 高 |
| 17 | 2011-8-28 | 434 | 51 | 12.00 | |
| 18 | 2011-9-12 | 449 | 54 | 12.00 | |
| 19 | 2011-9-27 | 464 | 57 | 12.00 | |
| 20 | 2012-4-15 | 665 | 60 | 10.00 | 2012-10-1 开始二期冷却，15d；2013-4-15 三期冷却；2013-5-15 接缝灌浆，共 12m 高 |
| 21 | 2012-4-30 | 680 | 63 | 10.00 | |
| 22 | 2012-5-15 | 695 | 66 | 12.00 | |
| 23 | 2012-5-30 | 710 | 69 | 12.00 | |

续表

| 浇筑层 | 浇筑日期<br>(年-月-日) | 浇筑时间<br>(天) | 每层高度<br>(m) | 浇筑温度<br>(℃) | 接缝灌浆 |
|---|---|---|---|---|---|
| 24 | 2012-6-14 | 725 | 72 | 12.00 | |
| 25 | 2012-6-29 | 740 | 75 | 12.00 | 2012-10-1 开始二期冷却，15d；2013-5-30 三期冷却，15d；2013-7-15 四期冷却；2013-8-15 接缝灌浆，共 12m 高 |
| 26 | 2012-7-14 | 755 | 78 | 12.00 | |
| 27 | 2012-7-29 | 770 | 81 | 12.00 | |
| 28 | 2012-8-13 | 785 | 84 | 12.00 | |
| 29 | 2012-8-28 | 800 | 87 | 12.00 | 8 月份混凝土开始二期冷却，15d；2013-8-15 三期冷却，15d；2013-10-15 四期冷却；2013-11-15 接缝灌浆，共 13m 高 |
| 30 | 2012-9-12 | 815 | 90 | 12.00 | |
| 31 | 2012-9-27 | 830 | 94 | 12.00 | |

## 6.5 计算所用温控措施

（1）在施工期，不同月份浇筑的混凝土浇筑温度控制如下：5—9 月份浇筑温度控制为 12℃，4 月份、10 月份混凝土自然入仓，浇筑温度分别为 10℃和 8℃。

（2）上、下游面在浇筑以后覆盖 2cm 厚聚氨酯泡沫被进行临时保温，按第三类边界条件考虑。

（3）浇筑层面采用 2cm 厚聚氨酯泡沫被进行临时保温，并对 5—9 月份浇筑的混凝土采取"喷淋"方式养护。"喷淋"水温在 5 月份约 18℃，在 6—8 月份约 24℃，在 9 月份约 18℃。

（4）对大坝浇筑的每层混凝土均布设 1.5m×1.5m 水管进行一期通水冷却，开始浇筑混凝土前 0.5h 即布设水管通水预冷，通水结束时间为浇筑以后 15d。冷却水管采用高强度聚乙烯管，每卷长 200m，通水流量 20~25L/min，通水方向每天倒换一次，采用河水进行冷却。

（5）对每年 6—8 月份浇筑的混凝土在当年 10 月 1 日—10 月 15 日通河水进行二期冷却，以降低上下游表面混凝土在越冬时的内外温差。

（6）上下游面均采用 10cm 厚 XPS 板进行保温，等效放热系数为 23.90kJ/(m² · d · ℃)。2010 年浇筑的混凝土在 2010 年 10 月初开始粘贴上下游面保温板，2011 年及以后浇筑的混凝土在拆模后即粘贴保温板。

（7）越冬顶面采用 26cm 厚棉被进行保温，等效放热系数为15.37kJ/(m² · d · ℃)；越冬层保温被在次年的 4 月中旬揭开，开始新混凝土的浇筑。

（8）除大坝施工期间的一期冷却消峰以控制最高温度外，还需对大坝混凝土进行二期、三期、四期冷却，以使大坝混凝土降至稳定温度，实现接缝灌浆。每层混凝土接缝灌浆时间见表 6.11，每层混凝土除最后一次冷却采用温度为 4℃的冷水外，其他几次冷却均采用河水。

（9）计算时段为 2010 年 6 月 20 日—2040 年 12 月 4 日，计算过程中采用的气温为旬平均气温。计算步长：大坝施工及接缝灌浆期间（2010 年 6 月 20 日—2013 年 12 月 1 日），每层混凝土浇筑完毕以后 5d 内，计算步长为 0.5d，浇筑完毕 5d 以后计算步长为 1d；2013 年 12 月 1 日—2014 年 6 月 9 日计算步长为 5d；2014 年 6 月 9 日—2015 年 5 月 20 日计算步长为 10d；2015 年 5 月 20 日以后计算步长为 30d。

## 6.6  计算结果整理

根据 6.4 节拱冠坝段拟订的施工进度和接缝灌浆情况，采用 6.5 节的温控措施后，运用三维有限元方法进行了仿真计算。

仿真计算的目的主要是通过模拟大坝浇筑过程和运行过程，确定坝体出现的高温区、低温区、高应力区，为施工过程中温度控制及决策提供科学依据。重点关注的几个问题如下：

（1）基础约束区（强约束区，弱约束区）最高温度值为多少，出现在什么时间，什么部位。以结合坝体稳定温度确定温度控制指标之一——基础温差。

（2）越冬层面的最低温度和越冬层面以上新浇混凝土的最高温度为多少，出现在什么时间，什么部位，以确定上、下层温差。

（3）施工期间上、下游面附近混凝土的最低温度为多少，出现在什么时间，什么范围，以确定坝体侧面的内外温差。

（4）应力最大值出现在什么时间，什么部位，如局部超标，超标范围多大。

回答以上几个问题的有效方式即包络图和过程线图。包络图即将典型点最大温度值和应力值放在同一张图上，画成包络图。过程线图则是将所关心部位典型点的温度及应力的变化过程线画出，表示出中心部位温度或应力随时间的变化过程，以明确最大值发生的时间。

另外，为了明确大坝温度场和应力场随时间的变化过程，还在施工期及运行期的不同时间画出典型剖面的温度场及应力场等值线图。

### 6.6.1  温度及应力包络图

拱冠坝段中横剖面施工期（2010 年 6 月 20 日—2013 年 12 月 31 日）最高温度及最大应力包络图如图 6.3～图 6.4 所示；运行期（2014 年 1 月 1 日—2040 年 12 月 4 日）最大应力包络图如图 6.5 所示。

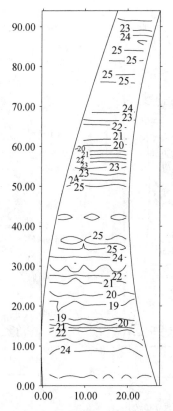

图 6.3　拱冠坝段施工期最高温度包络图（℃）

（1）大坝施工期为 3 年，相应施工期包络图出现了 3 个高温期，分别出现在
2010 年、2011 年及 2012 年夏季浇筑的混凝土，最高温度约 26℃。

（2）在出现最高温度的夏季浇筑的混凝土，其应力也较大，主要原因是夏季
浇筑混凝土最高温度较高，在采取后期水冷方式降至稳定温度场进行接缝灌浆
时，导致的温度应力较大；同时，夏季浇筑的混凝土，其上下游面附近混凝土在
冬季的内外温差较大，也是导致此处应力较大的原因。

（3）从应力包络图还可以看出：每个越冬面附近新浇混凝土也是应力较大的
部位。主要原因是某山口拱坝地处高寒地区，施工期每年 11 月份至次年 3 月份
停浇越冬，当 4 月份重新浇筑混凝土时，底部老混凝土的温度较低，且弹性模量
已经很高，而新混凝土在达到最高温度以后温度下降时，受底部老混凝土的约束
很强，从而导致这个部位的温度应力较大。

（4）从应力包络图还可以看出：底部 3m 厚基础固结灌浆盖板处应力也比较大。
此处应力较大的原因是此部位位于大坝基础强约束区，在温度下降达到稳定温度场的
过程中，盖板混凝土受底部基岩的约束较强，从而导致较大的温度应力。

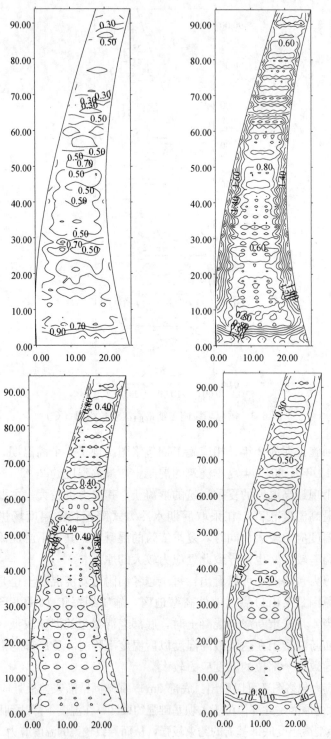

图 6.4　施工期应力包络图（$\sigma_x$、$\sigma_y$、$\sigma_z$ 及第一主应力 $S_1$）（MPa）

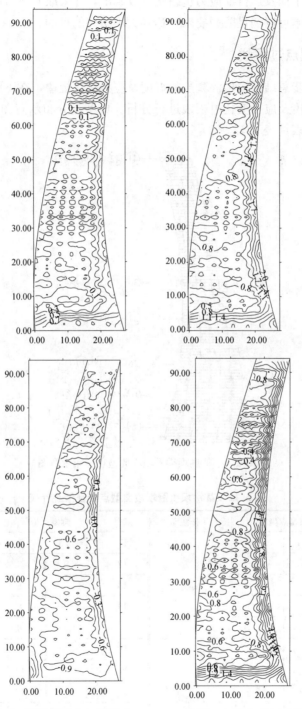

图 6.5　运行期应力包络图（$\sigma_x$、$\sigma_y$、$\sigma_z$ 及第一主应力 $S_1$）（MPa）

（5）从施工期及运行期应力包络图可以看出，在采取6.5节所述温控措施以后，某拱坝基本可以满足防裂要求，达到大坝防裂的目的。

### 6.6.2 典型点过程线

为了进一步总结某拱坝混凝土的温度及应力变化规律，在不同区域选择典型点，通过其温度及应力变化过程线进行分析。典型点分布示意图见图6.6，典型点特征值统计表见表6.12。

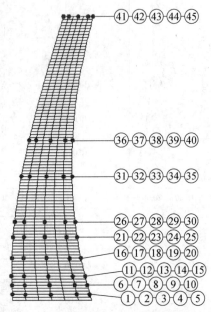

图6.6 某拱坝拱冠坝段典型点分布示意图

**表6.12 某拱坝拱冠坝段典型点特征值统计表**

| 点号 | 典型点坐标 | | 备注 | 点号 | 典型点坐标 | | 备注 |
|---|---|---|---|---|---|---|---|
| 1 | −0.1 | 2 | | 11 | −0.3 | 8 | |
| 2 | 4.3 | 2 | | 12 | 3.9 | 8 | |
| 3 | 13.2 | 2 | 盖板 | 13 | 12.3 | 8 | 2010年8月份浇筑 |
| 4 | 22 | 2 | | 14 | 20.6 | 8 | |
| 5 | 26.4 | 2 | | 15 | 24.8 | 8 | |
| 6 | 0 | 5 | | 16 | −0.3 | 14 | |
| 7 | 4.1 | 5 | | 17 | 3.7 | 14 | |
| 8 | 12.7 | 5 | 2010年6月份浇筑 | 18 | 11.6 | 14 | 2010年9月份浇筑 |
| 9 | 21.3 | 5 | | 19 | 19.5 | 14 | |
| 10 | 25.6 | 5 | | 20 | 23.4 | 14 | |

| 点号 | 典型点坐标 | | 备注 | 点号 | 典型点坐标 | | 备注 |
|---|---|---|---|---|---|---|---|
| 21 | 0.1 | 21 | 2010 年越冬面 | 36 | 5.7 | 53 | 2011 年 9 月份浇筑 |
| 22 | 3.8 | 21 | | 37 | 8.2 | 53 | |
| 23 | 11.1 | 21 | | 38 | 13.1 | 53 | |
| 24 | 18.5 | 21 | | 39 | 18.1 | 53 | |
| 25 | 22.1 | 21 | | 40 | 20.6 | 53 | |
| 26 | 0.7 | 26 | 2011 年 4 月份浇筑 | 41 | 17.6 | 94 | 坝顶 |
| 27 | 4.1 | 26 | | 42 | 19.3 | 94 | |
| 28 | 11.1 | 26 | | 43 | 22.6 | 94 | |
| 29 | 18 | 26 | | 44 | 25.9 | 94 | |
| 30 | 21.5 | 26 | | 45 | 27.6 | 94 | |
| 31 | 3 | 41 | 2011 年 7 月份浇筑，四期冷却 | | | | |
| 32 | 5.9 | 41 | | | | | |
| 33 | 11.7 | 41 | | | | | |
| 34 | 17.5 | 41 | | | | | |
| 35 | 20.4 | 41 | | | | | |

为了分析温度及应力变化，分别选择基础固结灌浆盖板、夏季浇筑的强约束区混凝土、越冬面、夏季接缝灌浆浇筑块等关键部位的典型点过程线进行详细分析。

（1）基础固结灌浆盖板

基础固结灌浆盖板典型点施工期及运行期过程线如图 6.7～图 6.10 所示。

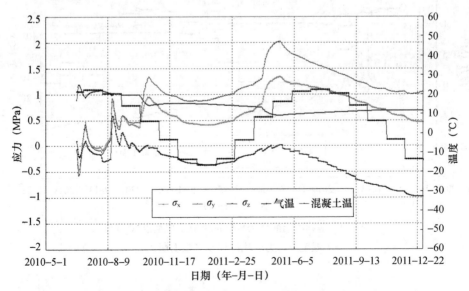

图 6.7　基础固结灌浆盖板上游面附近混凝土典型点（2 点）
温度及应力变化过程线（施工期）

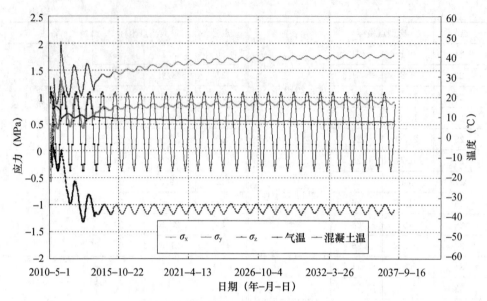

图 6.8　基础固结灌浆盖板上游面附近混凝土典型点（2 点）
温度及应力变化过程线（施工及运行期）

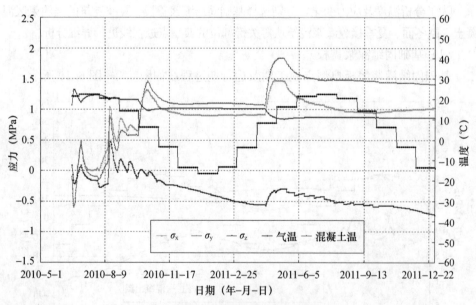

图 6.9　基础固结灌浆盖板中部混凝土典型点（3 点）
温度及应力变化过程线（施工期）

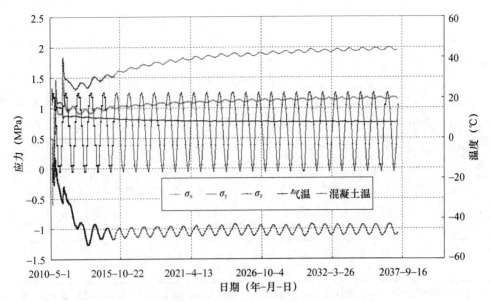

图 6.10　基础固结灌浆盖板中部混凝土典型点（3 点）
温度及应力变化过程线（施工及运行期）

从基础固结灌浆盖板典型点温度及应力变化过程线可以看出：

① 由于布设了冷却水管，虽然盖板在气温较高的夏季浇筑，但最高温度只有 25℃ 左右，混凝土在达到最高温度后由于通水冷却的作用，温度继续下降；在 2010 年 10 月初，对盖板混凝土进行了二期通水冷却，通水 15d 后混凝土温度降低约 5℃；在 2011 年 4 月 16 日开始对其进行三期冷却，通 4℃ 冷水 30d，由于进入 5 月份以后外界气温回升，在外界气温的热量回灌和通水冷却共同作用下，2011 年 5 月 15 日混凝土温度约降至 8.6℃，然后此部位进行了接缝灌浆。

② 混凝土的拉应力与温度的变化呈负相关的关系，即温度升高时应力减小，温度降低时应力增大。在施工期，基础固结灌浆盖板最大应力出现在三期冷却结束以后（接缝灌浆前），此时此部位混凝土温度基本达到稳定温度，接缝灌浆后，在外界气温和水温的共同作用下，混凝土的应力随温度呈现明显的周期性变化。

③ 虽然盖板混凝土在夏季浇筑完成，且位于基础强约束区，受地基约束很强，但由于接缝灌浆前采用了多期冷却的方式，使得混凝土的徐变作用充分发挥，出现了较大的应力松弛，因此接缝灌浆前盖板应力并未超标。在蓄水以后的运行期，盖板应力随时间的延长缓慢上升，但不超过 2.0MPa，满足混凝土的防裂要求。

（2）夏季浇筑的强约束区混凝土

基础强约束区夏季浇筑混凝土典型点过程线如图 6.11～图 6.18 所示。

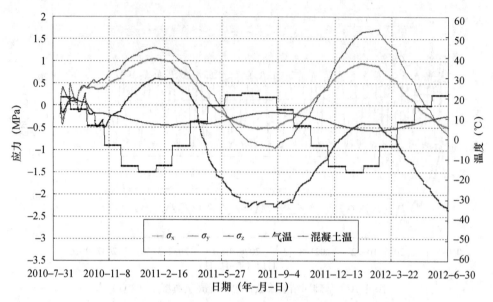

图 6.11 2010 年夏季浇筑混凝土上游表面典型点（6 点）
温度及应力变化过程线（施工期）

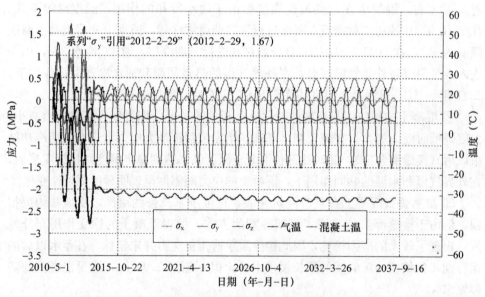

图 6.12 2010 年夏季浇筑混凝土上游表面典型点（6 点）
温度及应力变化过程线（施工及运行期）

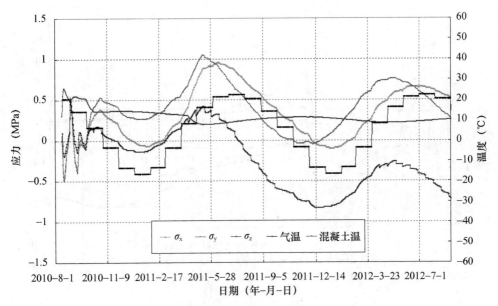

图 6.13　2010 年夏季浇筑混凝土上游附近典型点（7 点）
温度及应力变化过程线（施工期）

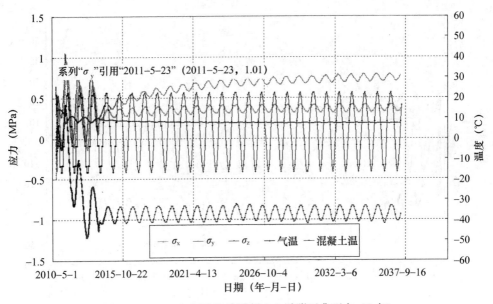

图 6.14　2010 年夏季浇筑混凝土上游附近典型点（7 点）
温度及应力变化过程线（施工及运行期）

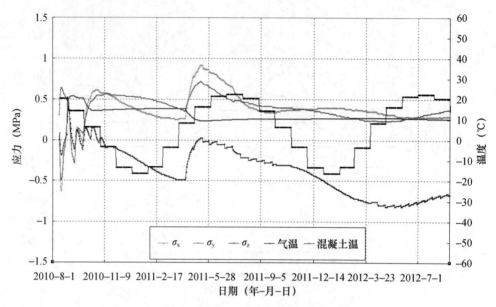

图 6.15　2010 年夏季浇筑混凝土坝体中部典型点（8 点）
温度及应力变化过程线（施工期）

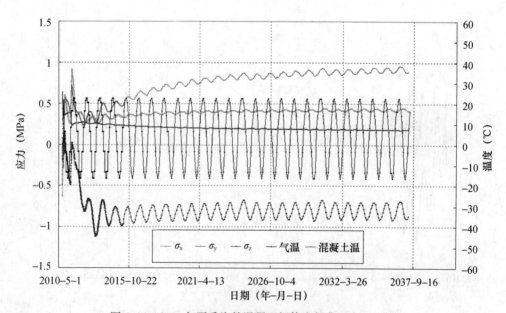

图 6.16　2010 年夏季浇筑混凝土坝体中部典型点（8 点）
温度及应力变化过程线（施工及运行期）

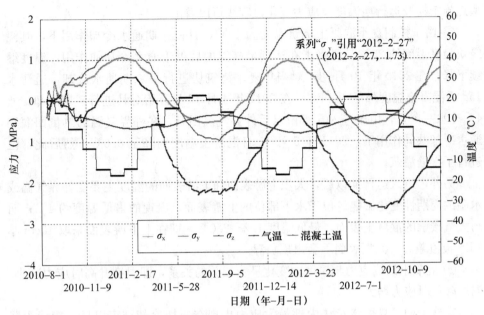

图 6.17　2010 年夏季浇筑混凝土下游表面典型点（10 点）
温度及应力变化过程线（施工期）

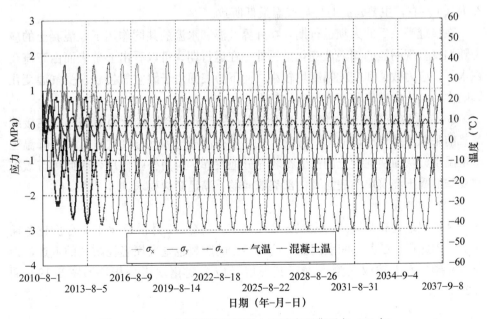

图 6.18　2010 年夏季浇筑混凝土下游表面典型点（10 点）
温度及应力变化过程线（施工及运行期）

从 2010 年夏季浇筑混凝土的上游表面、上游附近、坝体中部、下游表面典型点施工期及运行期温度及应力变化过程线可以看出：

① 由于控制夏季混凝土浇筑温度为 12℃，且在一期通水冷却作用下，其浇筑块最高温度约 25℃。混凝土在达到最高温度后由于通水冷却的作用，温度继续下降；在 2010 年 10 月初，对当年夏季浇筑块进行了二期通水冷却，通河水15d 后混凝土温度降低 4～6℃；在 2011 年 4 月 16 日开始对其进行三期冷却，通 4℃冷水一个月，由于进入 5 月份以后外界气温回升，在外界气温的热量回灌和通水冷却共同作用下，2011 年 5 月 15 日混凝土温度约降至 8.6℃，然后此部位进行了接缝灌浆。

另外，进入运行期以后，大坝上游表面和下游表面的温度主要受外界气温或水温的周期性变化影响。位于水下部位的上游表面，出现的最低温度约 4℃；而与大气接触的混凝土表面，最低温度 1.2～2.0℃。即在上下游表面采取 10cm 厚XPS 板覆盖后，大坝表面不会出现负温。

② 混凝土的拉应力与温度的变化呈负相关的关系，即温度升高时应力减小，温度降低时应力增大。

在施工期，夏季浇筑块中部最大应力出现在三期冷却结束以后（接缝灌浆前），此时此部位混凝土温度基本达到稳定温度，而应力数值不超过 1.5MPa；而上、下游表面最大应力出现的时间出现在次年的 2 月中旬，应力数值在2.0MPa 左右，主要是此时外界气温最低所致。

在接缝灌浆后的大坝运行期，在外界气温和水温的共同作用下，混凝土的应力随温度呈现明显的周期性变化。另外，在运行期，可以看出上游表面由于淹没在水下，应力数值和变化幅度均较小；而下游表面由于跟空气接触，受气温变化影响大，其应力数值和变化幅度均较大。

③ 在采取控制浇筑温度、表面保温、内部布设冷却水管等措施，并在接缝灌浆前采取了多期冷却通水降温的方式，使得混凝土温度分几次进行缓慢降温至稳定温度，从而使混凝土的徐变比较充分地发挥了应力松弛作用，因此可有效控制夏季混凝土浇筑块的表面及内部裂缝问题，满足防裂要求。

（3）越冬面

某拱坝地处高寒地区，大坝分 3 年施工，每年 11 月份至次年 3 月份越冬期停浇，因此存在越冬长间歇问题，而越冬面的防裂也是大坝温控防裂的重点，因此，在越冬面上选取典型点进行其温度及应力变化规律分析，如图 6.19～图6.23 所示。

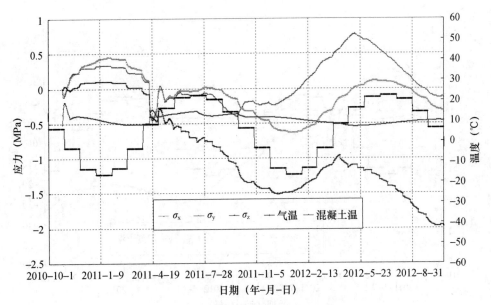

图 6.19  2010 年越冬面上游表面混凝土典型点（22 点）
温度及应力变化过程线（施工期）

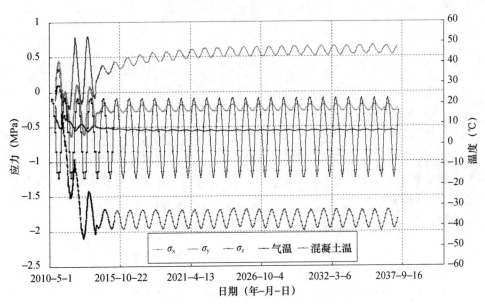

图 6.20  2010 年越冬面上游表面混凝土典型点（22 点）
温度及应力变化过程线（施工及运行期）

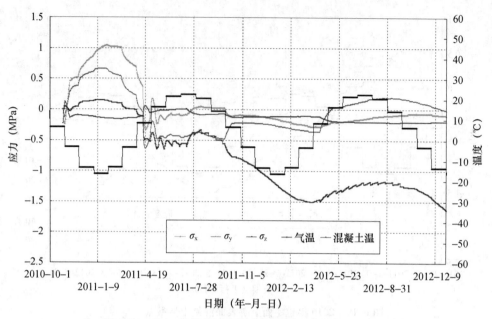

图 6.21　2010 年越冬面坝体中部混凝土典型点（23 点）
温度及应力变化过程线（施工期）

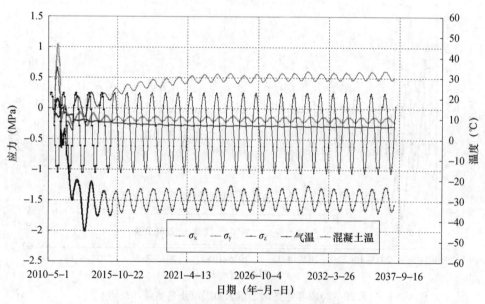

图 6.22　2010 年越冬面坝体中部混凝土典型点（23 点）
温度及应力变化过程线（施工及运行期）

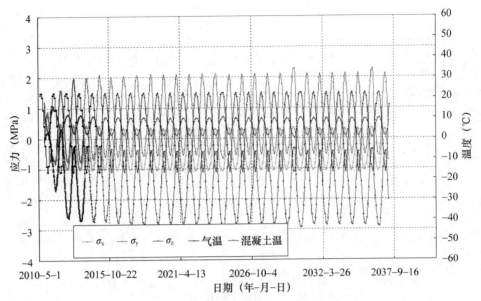

图 6.23    2010 年越冬面下游表面混凝土典型点（25 点）
温度及应力变化过程线（施工及运行期）

从越冬面上游表面、越冬面中部及下游表面混凝土典型点温度及应力变化过程线可以看出：

① 在越冬面所在层混凝土进行一期冷却消峰并覆盖 20cm 厚棉被以后，上下游面混凝土最低温度出现在次年的 2 月底，最低温度 3.0℃左右；而越冬面中部混凝土最低温度也出现在 2 月底，最低温度约 10.0℃。

② 在越冬期间，越冬面上应力最大的时刻出现在次年的 1 月下旬，最大应力约 0.8MPa。在上下游面附近，垂直水流方向水平应力 $\sigma_y$ 较大，而在越冬面坝体中部，平行水流方向水平应力 $\sigma_x$ 较大。

③ 进入运行期以后，越冬面上下游表面混凝土应力较大，主要是受外界气温和水温的变化影响所致。其最大应力为 1.9MPa 左右，基本满足混凝土防裂要求。

④ 夏季接缝灌浆浇筑块

由于工程进度的制约，夏季接缝灌浆不可避免。在寒冷地区，夏季气温高、封拱温度低，两者的差值大，夏季封拱时由于外界热量的倒灌导致表层混凝土高于封拱温度，将会导致进入冬季后表层混凝土的较大温差以及温差沿坝厚方向梯度较大，从而混凝土产生表面高应力。为了分析此部位混凝土的温度及应力变化规律，选取典型点进行了分析，如图 6.24～图 6.27 所示。

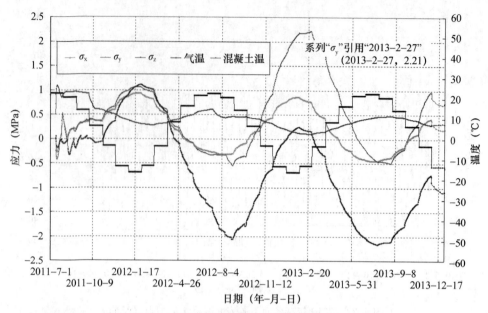

图 6.24　夏季接缝灌浆浇筑块上游面典型点（31 点）
温度及应力变化过程线（施工期）

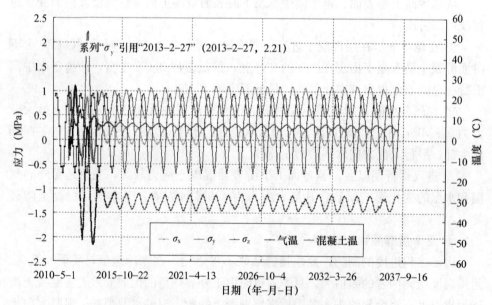

图 6.25　夏季接缝灌浆浇筑块上游面典型点（31 点）
温度及应力变化过程线（施工及运行期）

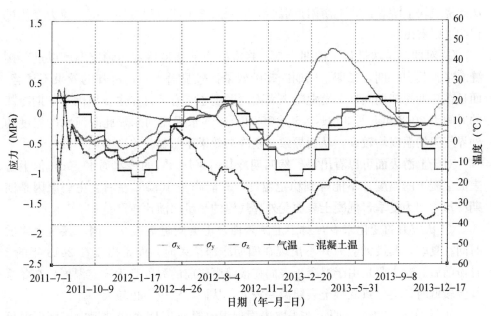

图 6.26　夏季接缝灌浆浇筑块上游附近典型点（32 点）
温度及应力变化过程线（施工期）

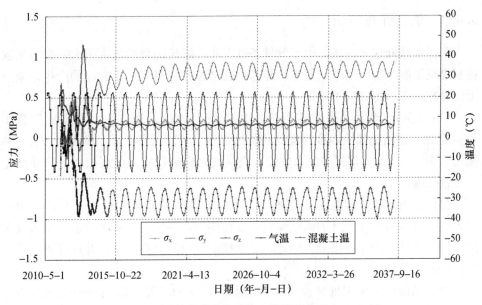

图 6.27　夏季接缝灌浆浇筑块上游附近典型点（32 点）
温度及应力变化过程线（施工及运行期）

根据进度安排，2011 年夏季浇筑混凝土接缝灌浆的时间为 2012 年 8 月份，从此浇筑块上游表面、上游附近混凝土典型点施工期及运行期温度及应力变化过程线可以看出：

① 对此浇筑块进行了四期冷却，将混凝土的温度冷却至稳定温度以进行接缝灌浆。其中一期、二期、四期冷却的效果比较显著，三期冷却的效果不显著，而且在三期冷却期间，上游混凝土表面的温度还略有上升，主要原因是三期冷却的时间为 2012 年 5 月 30 日至 6 月 15 日，冷却水采用河水，此时河水的温度和外界气温的温度均较高，从而导致三期冷却效果不明显。

对于上游表面可以看出，虽然四期冷却时采用 4℃的冷水通水 30d，但上游表面混凝土的温度并不能降到稳定温度，只能降至 10.5℃左右。主要原因是四期冷却时间为夏季，混凝土表面受外界气温的热量回灌比较严重。

② 从应力的变化来看，对于上游表面及上游附近混凝土，因为接缝灌浆的时间在夏季，其最大应力并不出现在四期冷却结束时，而是出现在 2013 年的 3 月份前后。这主要是由于混凝土表面在接缝灌浆前的温度高于稳定温度，在冬季气温较低时，会导致混凝土表层温差较大，从而导致应力也较大。

③ 本次研究结果表明：在采取表面保温（夏季四期冷却过程中表面保温可减少热量回灌）、加强表层混凝土冷却等措施后，虽然夏季接缝灌浆混凝土浇筑块的表面应力在施工期过冬时会较大，但仍可满足防裂要求。

### 6.6.3　仿真计算结论

某拱坝地处高寒地区，由于气候条件恶劣，温控防裂的难度很大，必须采取控制浇筑温度、表面保温、通水冷却等综合措施才能有效防止裂缝的产生。通过上述分析，可以得到以下结论：

（1）大坝基础固结灌浆盖板为一块薄而大的板，浇筑块"高宽比"较小（"高宽比"是指浇筑块高度与浇筑块长边之比，对某拱坝拱冠坝段盖板，其"高宽比"为 0.11），受基岩的约束较强，浇筑块内出现拉应力范围较大，容易产生贯穿性裂缝。

另外，根据拟订的施工进度安排，大坝基础固结灌浆盖板在 6 月份浇筑完成，然后进行为期 2 个月的固结灌浆，在此期间，容易遭受寒潮袭击产生表面裂缝并进而发展成为深层裂缝。因此，必须控制盖板的浇筑温度，并加强固结灌浆期间的临时保温。

（2）某山口拱坝坝址区夏季气温较高，在夏季混凝土浇筑块的温度控制为 12℃，并采取表面"喷淋"、内部通水冷却等措施以后，其最高温度约 26℃。另外，在冬季和夏季，浇筑块的上下游表面混凝土应力较大，约 2MPa，最大应力出现在 2 月份前后。

（3）某拱坝坝址区全年寒潮均比较频繁，因此必须加强施工期间混凝土裸露面的临时保温，临时保温采用 2cm 厚聚氨酯泡沫被，等效放热系数为 98.58kJ/（m² · d · ℃）。

（4）对大坝上、下游表面采取 10cm 厚 XPS 板进行永久保温后，在冬季，位于水下部位的上游表面，出现的最低温度约 4℃；而保温板与空气接触的混凝土表面，最低温度 1.5～2.0℃。即在上、下游表面采取 10cm 厚 XPS 板保温后 [等效放热系数为 23.90kJ/（m² · d · ℃）]，大坝表面不会出现负温，并可有效控制大坝上、下游表面的温度梯度和温度应力，达到上、下游表面混凝土防裂的目的。

（5）对大坝每年的越冬面覆盖 26cm 棉被 [等效放热系数为 15.37kJ/（m² · d · ℃）]，越冬面上应力最大的时刻出现在次年的 1 月下旬，最大应力约 0.8MPa，可满足越冬期间的防裂要求并有效控制越冬面附近混凝土的上、下层温差，防止越冬面附近出现裂缝。

（6）某大坝稳定温度较低，为了使大坝混凝土降至稳定温度进行接缝灌浆，必须采取多期冷却通水降温的方式，使得混凝土温度分几次缓慢下降至稳定温度，使混凝土的徐变比较充分，发挥应力松弛作用，防止混凝土冷却期间因为冷却速度过快而导致的裂缝问题。

（7）由于施工进度的制约，本工程夏季接缝灌浆可能不可避免。在寒冷地区，夏季接缝时由于外界热量的回灌导致表层混凝土不能冷却至接缝温度，将会导致进入冬季后表层混凝土的较大温差以及温差沿坝体厚度方向梯度较大，从而产生混凝土表面高应力。仿真计算结果表明：在采取表面保温、加强表层混凝土冷却等措施后，虽然夏季接缝灌浆混凝土浇筑块的表面应力在施工期过冬时会较大，但仍可满足防裂要求。

## 6.7　混凝土温控标准

根据仿真计算结果，必须严格控制混凝土温差，包括基础温差、上下层温差及内外温差，才能尽可能避免裂缝产生。

### 6.7.1　基础容许温差控制标准（表 6.13）

表 6.13　大坝基础约束区混凝土容许温差控制标准　　　　　　　℃

| 距基岩面高度 | 浇筑块长边长度 L | | |
| --- | --- | --- | --- |
| | 16m 以下 | 17～20m | 21～30m |
| 基础强约束区（0～0.2）L | 25 | 22 | 19 |
| 基础弱约束区（0.2～0.4）L | 27 | 25 | 22 |

### 6.7.2　上下层温差控制标准

（1）对连续上升且坝体浇筑高度小于 $L/4$（浇筑块长边长度）时，上下层混凝土容许温差为 $15\sim20℃$；

（2）对浇筑块侧面长期暴露、上层混凝土高度小于 $0.5L$ 或非连续上升时应严控上下层温差标准。各坝块应均匀上升，相邻块高差不超过 $12m$，相邻坝块浇筑时间的间隔小于 $30d$；

（3）当老混凝土位于基础约束区、老混凝土位于自由区但存在强约束条件、新浇混凝土 $L/4$（浇筑块长边尺寸）高度范围内再次出现老混凝土时，上下层混凝土容许温差为 $15℃$；

（4）老混凝土位于自由区，且 $0.2L$ 以下无强约束条件，对连续上升坝体且浇筑高度 $>L/4$ 时，上下层混凝土容许温差为 $18℃$；

（5）老混凝土位于自由区，且 $0.4L$ 以下无强约束条件，对连续上升坝体且浇筑高度 $>L/4$ 时，上下层混凝土容许温差为 $20℃$。

### 6.7.3　内外温差控制标准

本工程拱坝混凝土内外温差按 $19℃$ 控制。

### 6.7.4　水管冷却温差标准

为防止水管冷却时水温与混凝土浇筑块温度相差过大和冷却速度过快而产生裂缝，初期通水冷却温差按 $15\sim18℃$ 控制；后期水管冷却温差为 $20\sim22℃$。本着基础块从严、正常块从宽的原则，在规定幅度内选取。混凝土的日降温速度控制在每天 $0.5\sim1.0℃$ 范围内。

### 6.7.5　最高温升控制标准

拱坝各部位各月最高温度的控制标准详见表 6.14。

表 6.14　拱坝各部位各月最高温度控制标准　　　　　　　　　　℃

| 月份 | 4 | | 5 | 6 | 7 | 8 | 9 | 10 | |
|---|---|---|---|---|---|---|---|---|---|
| 旬 | 上旬 | 下旬 | | | | | | 上旬 | 下旬 |
| 平均气温 | 8.4 | | 16.2 | 21.3 | 22.5 | 20.5 | 14.3 | 6.2 | |
| 基础强约束区 | 18 | 19 | 21 | 22 | 22 | 22 | 21 | 19 | 18 |
| 基础弱约束区 | 20 | 21 | 21 | 24 | 24 | 24 | 21 | 21 | 20 |
| 脱离约束自由区 | 20 | 21 | 21 | 26 | 26 | 26 | 21 | 21 | 20 |

当浇筑部位出现老混凝土时，混凝土最高温度还应满足上下温差控制标准，在孔口坝段，孔口周围 15m 范围内，混凝土容许最高温度为 22℃。

### 6.7.6　浇筑温度控制标准

拱坝各部位各月混凝土浇筑温度的控制标准详见表 6.15。

表 6.15　拱坝各部位各月混凝土浇筑温度控制标准　　　　　　　　　℃

| 月份 | 4 | | 5 | 6 | 7 | 8 | 9 | 10 | |
|---|---|---|---|---|---|---|---|---|---|
| 旬 | 上旬 | 下旬 | | | | | | 上旬 | 下旬 |
| 平均气温 | 8.4 | | 16.2 | 21.3 | 22.5 | 20.5 | 14.3 | 6.2 | |
| 基础强约束区 | 8 | 9 | 10 | 12 | 12 | 12 | 10 | 9 | 8 |
| 基础弱约束区 | 9 | 10 | 10 | 12 | 12 | 12 | 10 | 10 | 9 |
| 脱离约束自由区 | 9 | 10 | 10 | 12 | 12 | 12 | 10 | 10 | 9 |

另外，如条件允许，可在低温季节浇筑混凝土，但低温季节混凝土浇筑温度不宜低于 5℃。

## 6.8　混凝土温控措施

（1）春季、秋季（4 月、5 月、9 月、10 月）采用天然河水拌和，夏季（6 月、7 月、8 月）采用 2～4℃制冷水拌和；骨料经一、二次风冷后温度不高于 4℃，保证出机口混凝土温度不高于 6℃。

（2）加强混凝土运输的施工组织与管理，加快混凝土入仓速度，缩短混凝土运输时间。

（3）对运输混凝土的车辆车厢板及料罐罐体粘贴 5cm 厚 XPS 保温板进行保温。

（4）夏季在混凝土浇筑仓块内用高压水枪喷冷水雾，改变仓内小气候，降低仓内气温；仓块内配备保温被，混凝土收仓后及时覆盖，终凝后及时洒水养护。

（5）混凝土浇筑层厚控制：基础约束区混凝土浇筑厚度为 1.5m，非约束区混凝土浇筑厚度为 3m。

（6）浇筑间歇：强、弱约束区混凝土浇筑间歇 5～7d，自由区混凝土浇筑间歇 7d，浇筑间歇期可根据施工进度要求进行调整，但应尽量避免出现老混凝土，即约束区不应超过 14d，自由区不应超过 21d，也不应小于 3d。

## 6.9 通水冷却

### 6.9.1 冷却水管布置

（1）间距

① 强约束区：水平间距 1.0m×1.0m，竖向层间距 1.0m；

② 弱约束区：水平间距 1.0m×1.0m，竖向层间距 1.5m；

③ 自由区：水平间距 1.5m×1.5m，竖向层间距 1.5m。

（2）冷却水管采用蛇形布置，单根水管长度不大于 200m，蛇形走向垂直于横缝，进水管从下游弯曲至上游，并避免出现交叉。

（3）最多允许三根蛇形管并联在一根支管上，一个仓面最多布置两根支管。

（4）冷却蛇形管不允许穿过横缝及各种孔洞。

### 6.9.2 冷却水温

（1）一期冷却：春季（4 月、5 月）采用天然河水，夏季（6 月、7 月、8 月）通 6℃制冷水，秋季（9 月、10 月）通 6～8℃制冷水；

（2）中期冷却：采用天然河水冷却；

（3）后期冷却：采用 4℃制冷水冷却，且冷却水温与混凝土温度温差＜20℃；

低温季节天然河水温度低于 6℃时，可采用天然河水进行各期冷却。

### 6.9.3 通水时间

（1）一期冷却：浇筑混凝土前 0.5h 开始通水冷却，冷却结束时间为混凝土浇筑后 20d；

（2）中期冷却：每年 9 月份对当年 4～7 月份浇筑的混凝土、10 月份对当年 8～9 月份浇筑的混凝土进行通水冷却，冷却时间按混凝土温度降至 16～18℃为准；

（3）后期冷却：后期冷却开始时间按该组混凝土最短龄期 90d 为准，最终冷却至封拱温度 6～8℃。

混凝土浇筑后前 5 天单根通水流量 1.5～1.8m³/h，混凝土浇筑 5 天后单根通水流量 1.2～1.5m³/h。

### 6.9.4 通水作业

（1）制冷水水源

在右岸高程 EL649.0m 处布置冷水站，冷水站采用集装箱式可移动冷水机组，其供水温度 6～10℃，单台供水循环水量 200m³/h。

（2）冷却水管网布置

大坝混凝土冷却通水布置 1 套供水管网，初期通制冷水进行冷却，中期采用天然河水冷却，后期通制冷水冷却。

① 制冷水水管布置

初期冷却水最大供水量 88m³/h 左右。制冷水沿坝后栈桥高程分别布置 DN200mm 进回保温主干管，然后从干管上接 DN100 冷水水平管（或立管），冷水水平管（或立管）沿坝体分缝间隔布置。坝体冷却水管从冷水水平管（或立管）上接管进行坝体冷却，水经循环后，自流至 DN100mm 回水管，然后经 DN200mm 支管加压流至冷水厂进行再冷却。

② 非制冷水水管布置

非制冷水最大供水量约为 425m³/h。非制冷水与制冷水共用一套管路。

（3）制冷水供应

① 制冷水专用于坝体冷却，不能挪用，否则导致混凝土冷却水浪费，影响混凝土质量。

② 根据高区和低区施工部位的用水需要，调整主干管闸阀，设置水表，记录每天各部位的用水量。

③ 冷水厂根据混凝土施工部位的上升，调整水压。

④ 制冷水供应的优先顺序：为保证重点部位用制冷水冷却，规定如下优先顺序：

a. 冷却达到稳定温度后才能继续上升的填塘混凝土部位；

b. 基础强约束区；

c. 灌区等待封拱的坝块；

d. 其他部位。

（4）通水前检查预埋的冷却水管是否通畅，是否有外漏、串漏情况，以便进行处理。检查标准为水压力为 0.2MPa 时，管流量大于 15L/min 为通畅，8～15L/min 为半通畅，流量为 8L/min 以下为微通。对半畅通、微通及不通的水管用压力水进行疏通或用风、水轮换冲洗，直至疏通。对无法疏通的水管，应采取补救措施。

（5）在通水作业期间，应按要求严格控制通水流量，每天用流量计检查一次冷却水管的通水流量。初期冷却、后期控温阶段控制坝体降温速度不大于 0.5℃/d，中期冷却、后期降温阶段控制坝体降温速度不大于 0.3℃/d。

（6）为使坝体冷却均匀，冷却水管内冷却水流向每 24h 应变换一次。

（7）加强冷却水的管理，坝体混凝土冷却必须有专人负责，要确保各期通水冷却质量。

（8）资料记录与报送

① 在通水作业前，要认真清点和核对埋设水管时所做的管路布置和管口位置标识，并做好交接记录。

② 每班应做好通水坝块、单根冷却水管流量、进出口水温、通水时段、混凝土温度等资料记录，及时录入质量档案并向质检部门报送。

③ 通水过程中，应加强检查与测量，用统一的通水记录表格填写通水情况。当出水温度接近所需温度时，进行闷温，HDPE 管闷温 3～5d，并将闷温资料及时报送有关部门以决定是否需要继续通水冷却，或对填塘和陡坡部位混凝土决定是否可以上升继续浇筑混凝土。当同一部位，埋设的测温仪所测得的温度与闷温温度差别较大时，应分析原因，必要时应重新闷温。

## 6.10 养护要求及方法

### 6.10.1 表面养护的一般要求

（1）混凝土浇筑完毕后，对混凝土表面及所有侧面应及时洒水养护，以保持混凝土表面湿润。低流态混凝土浇筑完毕后，应加强养护，并延长养护时间。

（2）混凝土浇筑完毕后，早期应避免太阳光暴晒，混凝土表面加遮盖。

（3）一般应在混凝土浇筑完毕后 6～12h 内即开始连续养护，养护到新混凝土覆盖或保温覆盖阶段为止。但在炎热、干燥气候情况下应提前养护。

（4）如采用特种水泥，应按专门规定执行。

（5）混凝土养护方法分类和适用条件见表 6.16。

表 6.16 养护方法分类和适用条件

| 方法分类 | | 适用（工作）条件 |
|---|---|---|
| 洒水 | 人工 | 浇洒半径 5～6m，平面斜面均可，但耗水量大、用工多 |
| | 旋喷 | 喷洒直径达 20m，适用于平面，耗水量小，管理方便，但施工干扰大 |
| | 自流 | 适用于斜坡面或侧面 |
| 蓄水 | | 只适于平面，养护效果较好，但对施工干扰大 |
| 覆盖 | 湿沙 | 只适于平面，但增加清渣工作量 |
| | 湿麻袋 | 平面、垂直面均可，可兼保温效果 |

### 6.10.2 永久暴露面养护

永久暴露面长期流水养护。采用 $\phi25mm$ 的钢管（或塑料管），每隔 20～30cm 钻 $\phi2mm$ 左右的小孔，临时挂在模板上或外露拉条筋上，孔口对混凝土壁面通自来水养护。

### 6.10.3　坝块左右侧面养护

左右两侧使用的键槽模板，不易挂水管，需洒水养护，特别是低块浇筑时，既要养护好侧面又不能让水流到仓内。养护时间为不少于 90d 或至混凝土覆盖。

### 6.10.4　水平仓面养护

水平仓面的养护，当混凝土浇筑 12h 后，表面即可进行人工洒水养护或用自动洒水器养护。自动洒水器台数视仓面的大小合理配置，每台洒水器的水流量为 12～15L/min，对浇不到的位置，辅以人工洒水或表面流水养护，养护时间直至上一仓浇筑为止。在浇筑层面养护时，严禁借洒水养护的方式用压力水冲毛。

## 6.11　养护作业

（1）养护不过早或过晚，以免影响混凝土质量。养护应组织专门班子，实行混凝土养护工程责任制，配备责任心强、专业熟练的养护人员，每隔 2h 检查一次养护情况。气温高时加密巡查频率，做到定时养护与随时养护相结合。

（2）认真做好养护记录，每班填好混凝土养护记录表，真实全面地记录混凝土养护过程和情况。该记录表与质量档案中的养护记录表兼容。

（3）表面保护与保温防裂

为预防混凝土因气温变化而产生裂缝，为此需进行混凝土表面保护，以减少内外温差。

① 新浇混凝土遇日平均气温在 2～3d 内连续下降 6℃以上，暂停层面湿养护，在混凝土层面上应覆盖保温材料进行保温。

② 混凝土拆模时间不得早于 5d，气温骤降期间不拆模，根据气象预报未来 2d 内将发生气温骤降时也不拆模。

③ 横缝面拆模后，11 月至次年 2 月在 48h 内覆盖等效热交换系数 $\beta \leqslant 10.0$kJ/（$m^2 \cdot h \cdot ℃$）的保温材料进行保温，保护材料紧贴被保护面。横缝面保温至缝面另一侧浇筑块混凝土浇筑前才进行拆除。

④ 坝体上下游面及孔洞部位全年粘贴 30～50mm 聚苯乙烯泡沫塑料板，预先在聚苯板外表面涂刷一遍防水涂料，待干后再进行聚苯板粘贴，粘贴完成后，在聚苯板表面采用抹、滚、刷的方法再均匀刷涂一道防水涂料，特别注意对接缝部位的封闭涂刷，不得有漏刷、裂纹、起皮、脱落现象，24h 内不得有流水冲刷。

⑤ 廊道等孔洞部位，11 月至次年 2 月时采取有效措施进行封闭保护。

⑥ 气温骤降频发的春秋季，在暴露面及孔洞暴露部位粘贴 30～50mm 厚聚苯乙烯泡沫塑料板进行保温。

第 7 章

大坝永久防渗保温施工技术

喷涂硬质发泡聚氨酯保温多用于工业与民用建筑和制冷供热工厂的保温隔热。在我国"坝工界"，新疆某水库最早将硬质发泡聚氨酯用于大坝混凝土永久保温，但随着筑坝技术的发展，聚氨酯保温逐渐普遍应用于严寒地区大坝混凝土保温。在总结其他工程应用的基础上，为在严寒区应用好该项技术，编写该技术要求，从而在类似工程中应用推广。

## 7.1 技术特点

（1）采用"跟进式"喷涂的保温方式提高了施工效率，降低了人工费用，减少了工序干扰，加快了施工进度；

（2）防渗层聚脲涂层，填补和修复了大坝混凝土表面细微裂纹，提高了大坝混凝土抗渗漏能力；

（3）聚脲和聚氨酯喷涂后是整体受力，无缝搭接，且与大坝混凝土之间的粘结强度较高，有效地防止了库区水位变化区保温层脱落；

（4）设计防老化面漆涂层，提高了聚氨酯材料的耐久性；

（5）添加阻燃材料，极大地提高了大坝施工期的安全性。

## 7.2 适用范围及原理

### 7.2.1 适用范围

本技术适用于严寒地区需要保温防渗的各类混凝土工程。

### 7.2.2 技术原理

利用聚脲具有防渗、致密、连续、无接缝等特性，均匀喷涂于坝体混凝土上下游水位变化区，修补混凝土表层细微裂纹；利用硬质发泡聚氨酯具有相对密度小、强度高、热导率小等特性，将其均匀喷涂在聚脲涂层上，防止大坝混凝土受冻；利用防老化面漆的特性，均匀喷涂于聚氨酯表面，延长聚氨酯使用寿命。

## 7.3 工艺流程

喷涂硬泡聚氨酯永久保温工艺流程如图 7.1 所示。

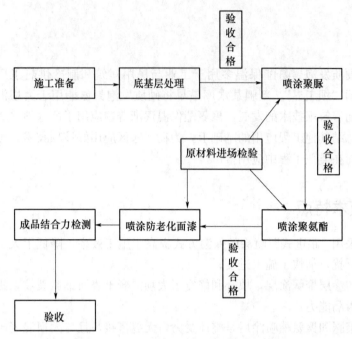

图 7.1　喷涂硬泡聚氨酯永久保温工艺流程图

# 7.4　施工方法及要点

## 7.4.1　施工准备

1. 施工方法

由于是在立面进行保温作业，可采用悬挂"吊篮"的方式进行作业。吊篮在地面拼装，利用缆机、塔机等垂直起重设备吊装就位。

2. 施工要点

（1）根据大坝采用的模板规格，合理地拼装吊篮，使吊篮两端的吊点尽量垂直受力，防止因吊点斜拉导致安全事故；

（2）在吊篮与坝体接触面之间应安装防摩擦装置，避免因吊篮上下移动时损坏成品，保证施工质量。

## 7.4.2　底基层处理

底基层处理包括表面清理和孔洞修补。表面清理包括浮灰清扫、混凝土错台、挂帘的处理、模板拉条的处理等；孔洞修补主要是混凝土表面气孔和模板的预留螺栓孔的处理。

1. 施工方法

在吊篮上逐层清理和修复。利用铁铲或扫帚清理混凝土表面浮灰；按照水工混凝土质量标准要求处理混凝土错台、挂帘、模板拉条；利用聚脲底涂剂＋500目以上的石英粉调配后用于混凝土表面气孔和模板预留螺栓孔的修补。

2. 施工要点

（1）清理后的混凝土表面应洁净、光滑、平整、无突变；

（2）底涂剂调配原则，以不流淌、不堆积，能填补所有孔洞为标准；

（3）底涂施工时应注意无漏涂、无堆积，对于较大的孔洞，第一遍底涂修补完成后，加大底涂黏度，对孔洞周边由于干缩作用产生的裂纹进行第二次修补，确保修补质量；

（4）底涂施工完成后，应洁净、光滑、平整，并待风干后方可进行聚脲施工。

# 7.5　喷涂聚脲

## 7.5.1　施工方法

聚脲分单组分和双组分两种。聚脲喷涂前先涂刷一层聚脲底涂剂，待其凝固后，开始进行聚脲施工。聚脲喷涂施工时，将喷涂机上的提料泵置入原料桶，聚脲通过管路泵至喷枪，作业人员手持喷枪在吊篮上逐层喷涂施工。

## 7.5.2　施工要点

（1）聚脲应自上而下均匀喷涂，根据设计要求厚度，分多遍进行，每次喷涂1mm，确保聚脲成膜，同时，在聚脲施工中，应选用有经验的作业人员，熟悉材料和设备属性，并随时对设备进行调整，以确保聚脲成膜质量。上层聚脲施工完成后，应待凝固后方可进行下层聚脲施工；

（2）聚脲喷涂要求底基层干燥，无明水和潮湿现象，严禁在大风、下雨等环境下作业。低温季节施工时，应对原材料和混凝土表面进行预热；

（3）聚脲涂层颜色应均匀，涂层应连续，无漏涂、流坠、气泡、针孔、剥落、划伤、褶皱、龟裂、异物；

（4）聚脲防水层两次施工间隔在3h以上时，新旧聚脲防水层要做搭接处理以形成整体。搭接宽度不小于10cm，并对搭接处涂层表面进行清洁处理，确保搭接质量；

（5）聚脲喷涂完毕后，要立即进行检查，对聚脲涂层上出现的针孔和气泡，用小刀割开清除，并进行修补；

（6）聚脲喷涂完成后，应避免磕碰，待其凝固。

## 7.6 聚氨酯喷涂施工

### 7.6.1 施工方法

聚氨酯喷涂采用专用硬泡聚氨酯喷涂设备。喷涂作业前，将喷涂机两端的提料泵分别置入两种原材料，在喷涂机的控制面板上输入每种原材料的进料参数，启动喷涂机后，泵将原材料泵入机器混合，然后通过管路输送到喷枪逐层喷涂。

### 7.6.2 施工要点

（1）聚氨酯喷涂作业前，基面应洁净无污物，严禁在明水和受潮条件下进行聚氨酯喷涂作业；

（2）每层喷涂厚度不宜大于1.5cm，20min后可进行下层聚氨酯喷涂作业。具体间隔时长可根据当日气温进行调整，通常以上层聚氨酯表面不粘手为标准；

（3）聚氨酯喷涂作业前，应准备充足的材料，确保可连续作业；

（4）聚氨酯喷涂作业时，应及时用钢针和量尺检查和测量喷涂厚度，避免因吊篮频繁上下而破坏聚氨酯表面；

（5）聚氨酯喷涂的正常工作环境温度为10～40℃，当环境温度低于10℃时，应对材料进行升温处理或采用专配低温原材料。

## 7.7 防老化面漆喷涂

### 7.7.1 施工方法

防老化面漆由液料和粉料混合而成，可采用聚脲喷涂机施工。施工前，将液料和粉料按固定比例均匀搅拌备用，施工作业时，将提料泵置入搅拌均匀的面漆内通过泵管泵入喷枪，然后均匀喷涂在聚氨酯面层上。

### 7.7.2 施工要点

（1）面漆喷涂作业时，聚氨酯面层不得有明水和受潮现象；

（2）面漆喷涂时应分2～3次进行，每次喷涂0.2mm左右，避免面漆堆积、流淌，确保外观质量；

（3）面漆喷涂作业的环境温度宜大于10℃，风速宜小于5m/s（三级风）；

（4）下层面漆喷涂前，上层应待其凝固。固化时间根据天气情况动态控制，一般以不粘手为准。

## 7.8　临保施工技术要求

### 7.8.1　临保施工期

本工程施工期为每年 4～10 月，11 月进入低温期，此时混凝土浇筑龄期较短，强度较低。入冬前浇筑的混凝土因冬季散热使其表面温度较低，而次年浇筑的混凝土因水化热温升导致混凝土温度较高，致使混凝土上下层温差过大而产生水平裂缝。

### 7.8.2　临保具体措施

根据温控仿真计算成果，并参考其他工程建设经验，本工程设计初步采取以下措施：

（1）越冬面采用"1mm 厚塑料膜＋26cm 厚保温棉被"的方式保温，保温被上部覆盖一层三防帆布，并用沙袋压盖，以保证下层混凝土在次年覆盖层揭开时的温度相对较高。

（2）因坝体越冬面上下游棱角部位属双向散热，因此对上下游坝面以下 2.5m 范围内在已有永久保温层基础上再喷涂 10cm 厚的发泡聚氨酯，以加强保温。

（3）为使上下层温差满足温差控制标准，次年浇筑混凝土时应采取严格的温控措施，控制混凝土的最高温度，以减小新老混凝土上下层温差，降低结合面温度应力。

（4）在混凝土越冬停浇面设置水平铜止水，两端与大坝横缝止水相连接。

## 7.9　劳动力、材料与机具设备

### 7.9.1　劳动力组织

喷涂作业投入的劳动力见表 7.1。

表 7.1　劳动力组织情况表

| 序号 | 单项工程 | 所需人数 |
|------|----------|----------|
| 1 | 管理人员 | 1 |
| 2 | 技术人员 | 1 |

续表

| 序号 | 单项工程 | 所需人数 |
|:---:|:---:|:---:|
| 3 | 喷涂作业人员 | 2 |
| 4 | 设备维护人员 | 1 |
| 5 | 杂工 | 2 |
| 6 | 合　计 | 7 |

### 7.9.2　机具设备

喷涂作业投入的主要施工设备见表 7.2。

表 7.2　主要施工设备表

| 序号 | 机械设备名称 | 型号、规格 | 生产厂家 | 数量（台） | 备注 |
|:---:|:---:|:---:|:---:|:---:|:---:|
| 1 | 聚脲喷涂机 | X45 | 美国固瑞克 | 2 | 可用于防老化面漆施工 |
| 2 | 聚氨酯喷涂机 | E-XP3 | 美国固瑞克 | 2 | |
| 3 | 吊篮 | 拼装 | 江苏申锡 | 8 | |
| 4 | 空压机 | TR2065 | 浙江 | 2 | |

## 7.10　质量控制

### 7.10.1　质量控制标准

主要执行（不限于）《喷涂聚脲防水涂料》（GB/T 23446—2009）；《喷涂聚脲防水工程技术规程》（JGJ/T 200—2010）；《硬泡聚氨酯保温防水工程技术规范》（GB 50404—2017）标准。

### 7.10.2　设计保温形式

大坝上游面：采用 2mm 聚脲＋100mm 硬泡聚氨酯＋0.5mm 防老化面漆的保温方式；

大坝下游面：采用 100mm 硬泡聚氨酯＋0.5mm 防老化面漆的保温方式。

### 7.10.3　设计要求及检测标准

设计要求及检测标准见表 7.3。

**表 7.3　设计要求及检测标准**

| 序号 | 项目 | 设计厚度<br>（mm） | 设计厚度<br>允许偏差<br>（mm） | 表面平整度<br>允许偏差 | 粘结强度<br>（MPa） |
|------|------|--------|----------|----------|----------|
| 1 | 聚脲 | 2 | ±0.2 | — | 与坝面＞2.0 |
| 2 | 聚氨酯 | 100 | ＋10，−5 | 1m 直尺量测±5mm | 与聚脲＞0.3 |
| 3 | 防老化面漆 | 0.5 | ±0.05 | — | 与聚氨酯＞0.3 |

### 7.10.4　质量控制方法及措施

1. 质量控制方法

质量控制包括原材料质量控制、工序施工过程控制、成品验收。其中，工序施工过程控制主要包括聚脲涂层工序、聚氨酯涂层工序和防老化面漆涂层工序。

质量控制以遵循质量控制流程和"三检制"为主，原材料到场后必须提供合格证明，经过检验后使用于施工部位，工序施工过程中，按照设计标准要求和规范要求进行自检控制，并申请监理单位抽检，层层把关，每道工序验收合格后，方可进入下道工序施工。同时，做好施工记录和质量评定，做到资料齐全、不漏项。

2. 质量检测效果及评价

在喷涂硬泡聚氨酯保温施工过程中，主要通过原材料第三方检验检测；通过成品结合力第三方检测（聚脲与大坝混凝土之间的结合力、聚氨酯与聚脲之间的结合力、防老化面漆与聚氨酯之间的结合力）和坝体混凝土内部温度第三方观测等成果来验证其质量和效果。通过上述验证方法表明，原材料和成品结合力均符合设计和规范要求，通过施工期最冷时段对坝体混凝土温度观测成果表明，坝体混凝土表面温度均能保持在 0℃以上，说明保温效果良好，但应加强背阳区域的保温控制。

## 7.11　安全措施及注意事项

（1）建立健全安全生产管理体系，落实安全责任制。

（2）切合实际地进行安全技术书面交底，经常性地开展安全检查和安全教育活动，提高员工安全意识和自我保护能力。

（3）严格遵守机械设备操作规程和吊篮安全操作规程。

（4）进入施工现场必须戴安全帽，高空作业必须系安全带，穿防滑鞋。

（5）喷涂作业时，作业人员应佩戴口罩、手套、护目镜等劳动防护用品，防止喷雾伤害。

（6）聚脲应妥善保护和保管，严禁明火。

## 7.12 环保措施

（1）建立健全环境保护体系，成立环境保护领导小组，加强员工环保知识教育，提高员工的环保意识，制定环境保护岗位责任制。

（2）严格遵守国家和地方政府有关环境保护的法令、法规和合同规定，自觉接受有关监督、管理部门对施工活动的监督、指导和管理，积极改进施工中存在的环保问题，提高环保水平。

（3）执行"工完料清"制度，每天收工前，及时清理产生的施工垃圾。

（4）有序堆放和保管现场原材料，不堵塞通道，不破坏环境。

第 8 章

混凝土缺陷检测及处理

## 8.1 总则

在山口拱坝中考虑混凝土缺陷主要包括表面缺陷、内部及架空缺陷、止排水缺陷等。

混凝土表面缺陷主要指表面不平整、气泡、麻面、蜂窝、错台、模板拉筋头凸出，露筋，膨胀螺栓孔、模板定位锥孔、冷却水管预留坑裸露等等。

混凝土内部及架空缺陷主要指混凝土内部空腔、空隙，或因特殊工序而形成的与周围介质之间的架空、空隙等。

混凝土止排水缺陷主要指结构缝面止水失效、排水孔失效。

## 8.2 混凝土缺陷处理材料

### 8.2.1 预缩砂浆

（1）水泥选用 P·I 42.5 水泥；

（2）砂选用质地坚硬并经过 2.5mm 孔径筛选过的砂，细度模数控制为 1.8～2.3；

（3）水灰比为 0.3～0.4，灰砂比为 1:2～1:2.6；

（4）为提高砂浆强度及抗裂性能，改善和易性，可掺入适量的外加剂（如木质素磺酸钙、明矾膨胀剂、高效减水剂等）；

（5）预缩砂浆主要力学性能指标：28d 龄期抗压强度不低于 45MPa，抗拉强度不低于 4MPa，与混凝土面粘结强度大于 1.5MPa。

### 8.2.2 环氧砂浆

（1）环氧砂浆主要力学性能指标：7d 龄期抗压强度不低于 90MPa，抗拉强度不低于 10MPa，与混凝土面粘结强度大于 2.5MPa。

（2）砂浆的外加剂以及填料包括水泥、砂、石棉、生石灰等用量，根据不同性能要求，不同环境类别区别采用。

（3）环氧砂浆中的外加剂（环氧树脂、固化剂、增塑剂、稀释剂、偶联剂、促进剂等）必须符合《水工混凝土外加剂技术规程》（DL/T 5100—2014）的要求。

### 8.2.3 环氧胶泥

环氧胶泥主要力学性能指标：7d 龄期抗压强度不低于 65MPa，抗拉强度不低于 20MPa，与混凝土粘结强度大于 2.5MPa。

### 8.2.4 细骨料混凝土

(1) 细骨料混凝土主要力学性能指标：28d 龄期抗压强度不低于 60MPa，抗拉强度不低于 4MPa。

(2) 水泥采用 P·Ⅰ 42.5 水泥，且新鲜无结块。水灰比为 0.25～0.32，灰砂比为 1∶1.8～1∶2.6。

(3) 选用质地坚硬并经过 2.5mm 孔径筛选过的砂，细度模数控制在 2.4～2.5；细骨料采用 5～15mm 的干净砂石，必要时可选用特种骨料或填加钢纤维。

### 8.2.5 高渗透活性稀释剂改性系列环氧浆材（LPL）

LPL 主要力学性能指标：7d 龄期抗压强度不低于 50MPa，抗拉强度不低于 12MPa。

### 8.2.6 高渗透糠醛、丙酮改性系列环氧浆材（CW）

CW 主要力学性能指标：7d 龄期抗压强度不低于 50MPa，抗拉强度不低于 5MPa。

### 8.2.7 水下快速密封剂（SXM）

SXM 具有水下不分散、固化快、与水下混凝土粘结力强、无毒、使用方便等特点，可用于水下混凝土灌浆封缝、埋灌浆管，也可用于水下混凝土裂缝和孔洞的修补。技术指标参见表 8.1。

表 8.1　水下快速密封剂技术指标

| 密封剂类型 | | SXM-1 | SXM-2 | SXM-3 |
|---|---|---|---|---|
| 外观 | A 组分<br>B 组分 | 灰色粉末<br>无色透明液体 | 灰色粉末<br>无色透明液体 | 灰色粉末<br>无色透明液体 |
| 凝结时间<br>（220℃±2℃） | 初凝（min）<br>终凝（min） | <8<br><12 | <20<br><30 | <30<br><60 |

## 8.3　混凝土表面缺陷的处理

混凝土表面缺陷的修补原则如下：

（1）对于混凝土表面缺陷的修补，应采用磨平涂保护基液的方法，多磨少补，宁磨不凿，尽量不损坏建筑物表面混凝土的完整性，保证工程质量。

（2）面积大而深的缺陷区域应用新混凝土置换，置换之前应在已凿除的混凝土表面涂一层经监理工程师批准的胶粘剂。

① 深度为 0.1～0.5cm 的缺陷选用环氧胶泥进行修补。

② 深度为 0.5～2cm 的缺陷选用环氧砂浆进行修补。

③ 深度为 2～5cm 的缺陷选用预缩砂浆进行修补。

④ 深度在 5cm 以上，且范围超过 1.5m×3m 的缺陷选用细骨料混凝土进行换填修补。

（3）缺陷修补程序

缺陷描述→缺陷类别辨认→基面打磨凿挖→基面确认→修补及养护检测→质量检查及验收。

（4）修补方法

① 对表面不平整部位、错台进行打磨处理，刮涂环氧胶泥，不平整度控制标准和处理要求见表 8.2。

**表 8.2　混凝土表面缺陷修补不平整度控制标准及处理要求**

| 部位及分区 | | | 过流面 | | | | 非过流面 | |
|---|---|---|---|---|---|---|---|---|
| | | | 高速水流区 | | 低速水流区 | | | |
| | | | 修磨坡度 | 不平整度（mm） | 修磨坡度 | 不平整度（mm） | 修磨坡度 | 不平整度（mm） |
| 底板 | 垂直水流向 | 升坎 | 1/50 | 0 | 1/30 | 2 | 1/30 | 3 |
| | | 跌坎 | 1/40 | 2 | 1/30 | 3 | 1/20 | 5 |
| | 平行水流向 | | 1/30 | 2 | 1/20 | 5 | 1/20 | 5 |
| 边墙顶拱 | 垂直水流向 | 升坎 | 1/40 | 0 | 1/30 | 3 | 1/20 | 4 |
| | | 跌坎 | 1/30 | 3 | 1/30 | 4 | 1/10 | 5 |
| | 平行水流向 | | 1/20 | 3 | 1/20 | 5 | 1/20 | 7 |

② 宽度小于 0.2mm 的裂缝粘贴玻璃丝布或嵌填 KB 胶泥、涂刷 KT1 处理。宽度大于 0.2mm 的裂缝、冷缝、施工缝渗水等，采用骑缝切槽、封闭、化学灌浆、表面处理。

③ 麻面、气泡采用环氧胶泥刮补，蜂窝和面积较大的麻面，凿成规则形状，

回填预缩砂浆或环氧砂浆。

④ 架空、蜂窝、露筋处理方法：凿除缺陷，用细骨料混凝土、预缩砂浆、丙乳砂浆或环氧砂浆填补，环氧基液涂面。

⑤ 表面孔洞包括螺栓孔、模板定位锥孔和冷却水管预留坑等，将混凝土基面凿毛，回填预缩砂浆或环氧砂浆。

⑥ 拉筋头在低速水流区和非过流面的采用角磨机将其磨除，其钢筋头低于周边混凝土 1～2mm，后采用环氧胶泥进行刮补。高速水流区用取芯钻机进行钻孔后将钢筋头割除，再加深 2cm 清理干净后用预缩砂浆回填。

⑦ 跑模处理方法：凿除跑模混凝土，浇细骨料混凝土修复。

⑧ 错台、挂帘处理方法：凿除缺陷或磨平，用环氧基液涂面。

# 8.4　混凝土内部缺陷、架空缺陷的处理

（1）混凝土内部缺陷应立足于在施工过程中预防和消除，对检测发现并确认的混凝土内部裂缝、空隙与空腔修补处理应采用灌浆法，对危及建筑物运行安全的混凝土内部缺陷采取部分或全部爆破挖除处理，其爆破挖除方案、挖除范围、恢复浇筑混凝土的措施以及对周围的影响等要做全面的分析研究，报业主批准后实施。灌浆法常用措施有水泥灌浆和化学灌浆。灌浆施工工艺流程：钻孔→清缝→埋管→嵌缝→灌浆→封孔→检查。事前应进行必要的室内灌浆材料配比试验，寻求毒性低、对湿缝灌浆效果理想、并适合各种不同缝宽缝深的材料配方，以适应可能出现的各种裂缝灌浆。

（2）混凝土架空应尽可能在建筑物施工中及时处理或埋设灌浆管路，架空缺陷应采用灌浆法修补，灌浆应划分区段有序进行。当架空缺陷位于素混凝土中时，可以直接钻孔灌浆；钢筋混凝土结构中的灌浆孔应在预埋管中"钻灌"。

# 8.5　止排水缺陷修补

## 8.5.1　止排水缺陷修补原则

（1）一般非过流面结构缝止水失效时，采用灌浆法修补；如失效严重，补做接缝止水，止水的补做采用嵌填法、粘贴法、锚固法进行施工。

（2）低速水流区过流面结构缝止水失效时，不采用灌浆法修补，进行止水补做。

（3）位于死水位以上部位的坝面伸缩缝止水失效时，应在枯水季节进行止水补做。

（4）过流建筑物过流面排水系统失效时，应在过流面补钻与水流向一致的排水孔。

## 8.5.2　止水缺陷修补方法

1. 灌浆法修补

（1）灌浆法修补方法

① 灌浆法适用于迎水面伸缩缝局部处理。灌浆材料可选用弹性聚氨酯、改性沥青胶等。

② 缝内若有沥青，先用汽油浸泡，后用气顶吹，使缝面畅通后再用风或水轮换冲洗。

③ 灌浆一般自低处向高处推进，当前孔排浆时，后孔结束灌浆。

④ 对于漏水量较大部位，以不大于 0.10MPa 的压力，灌注加有速凝剂的浆液，防止堵塞排水设施。

（2）灌浆法施工工艺

① 沿缝凿宽、深 5～6cm 的 V 形槽；

② 在处理段的上、下端骑缝钻止浆孔，孔径 40～50mm，孔深不得打穿原止水片，清洗后用树脂砂浆封堵；

③ 骑缝钻灌浆孔，孔径 15～20mm、孔距 50cm，孔深 30～40cm；

④ 用压力水冲洗钻孔，将直径 10～15mm、长 15～20cm 灌浆管埋入钻孔内 5cm，封灌浆管四周；

⑤ 冲洗槽面，用快凝止水砂浆嵌填；

⑥ 逐孔清洗，控制管口风压 0.1MPa，水压 0.05～0.1MPa；

⑦ 灌浆前对灌浆管做通风检查，风压不得超过 0.1MPa；

⑧ 灌浆自下而上逐孔灌注，灌浆压力为 0.2～0.5MPa，灌至基本不吸浆时结束灌浆。

2. 嵌填法修补

嵌填法的弹性嵌缝材料可选用橡胶类、沥青基类或树脂类材料等，施工应符合下列要求：

（1）沿缝凿宽、深 5～6cm 的 V 形槽；

（2）清除缝内杂物及失效的止水材料，并冲洗干净；

（3）槽面涂刷胶粘剂，槽底缝口设隔离棒，嵌填弹性嵌缝材料；

（4）回填弹性树脂砂浆与原混凝土面齐平。

3. 锚固法修补

（1）锚固法适用于迎水面伸缩缝止水修补，修补应做好伸缩缝的止水搭接。

（2）止水材料可选用橡胶、紫铜、不锈钢等片材，锚固件采用锚固螺栓、钢压条等。

4. 锚固金属片材施工工艺

（1）沿缝两侧凿槽，槽宽 35cm，槽深 8～10cm；

（2）在缝两侧各钻一排锚栓孔，排距 25cm，孔径 22～25mm，孔距 50cm，孔深 30cm，并冲洗干净，预埋锚栓；

（3）清除缝内堵塞物，嵌入沥青麻丝；

（4）挂橡胶垫，再将金属片材套在锚栓上；

（5）安装钢垫板、拧紧螺母；

（6）片材与缝面之间充填密封材料，片材与坝面之间充填弹性树脂砂浆。

5. 锚固橡胶片施工工艺

（1）沿缝两侧各 30cm 范围将混凝土灌入并修理平整；

（2）凿 V 形槽，槽宽、深 5～6cm，并冲洗干净；

（3）在缝两侧各钻一排锚栓孔，排距 50cm，孔径 40mm，孔深 40cm，孔距 50cm；

（4）用高压水冲洗钻孔，将树脂砂浆灌入孔内，插入直径 20mm，长 45cm 的锚栓，锚栓必须垂直迎水面；

（5）V 形槽内涂刷胶粘剂，铺设隔离棒再嵌填嵌缝材料；

（6）在锚栓部位浇一层宽 12cm 树脂砂浆垫层找平；

（7）根据锚栓位置，在橡胶片上开孔，将宽 60cm、厚 6mm 的橡胶片准确地套在锚栓上，及时安装压板，拧紧螺母。

6. 排水缺陷修补方法

（1）过水建筑物衬砌混凝土排水系统堵塞，应重新补钻排水孔，排水孔径应与原排水孔相同；

（2）补钻排水孔伸入围岩不应小于 50cm，排水孔中应填充反滤料，排水孔与过流面夹角不小于 45°；

（3）施工者在排水孔钻孔过程中，应严格控制施工工艺，不应损坏钻孔周围的混凝土。

第 9 章
拱坝接缝灌浆

## 9.1 工艺原理

灌浆浆液在高于出浆盒开环压力下通过出浆盒上的出浆孔灌入缝面，由于出浆盒具有单向流通性，浆液进入缝面后不会从缝面沿灌浆管路回流，可在接缝灌区灌浆结束后、浆液初凝前，采用低于出浆盒开环压力的水流对灌浆系统进行冲洗，保持管路通畅，待诱导缝缝面再次拉开后，进行重复灌浆。

## 9.2 工艺流程

拱坝接缝重复灌浆施工工艺流程如图 9.1 所示。

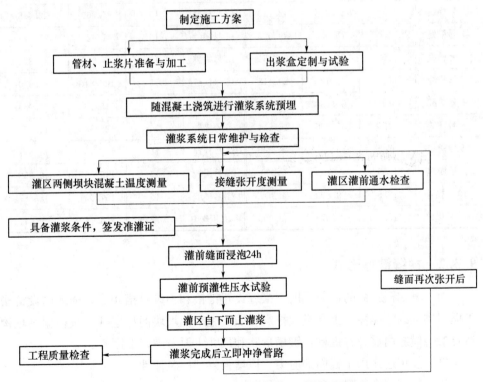

图 9.1 拱坝接缝重复灌浆施工工艺流程图

## 9.3 横缝及灌浆系统布置

### 9.3.1 坝体横缝布置

山口拱坝坝顶上游面弧长（及坝轴线）为 319.646m，根据横缝设置原则和坝身泄洪等建筑物的布置要求，采用"一刀切"形式的垂直平面分缝，共设置 21 道横缝，将大坝分为 22 个坝段，每条横缝间距约为 15m。横缝位置主要控制参数见表 9.1。

表 9.1 坝体横缝位置控制参数

| 横缝编号 | 横缝位置（宽度、截距 Y、方向角） | | | 横缝编号 | 横缝位置（宽度、截距 Y、方向角） | | |
|---|---|---|---|---|---|---|---|
| | 宽度（m） | Y 值（m） | φ 值（°） | | 宽度（m） | Y 值（m） | φ 值（°） |
| 左坝端 | 14 | 112.270 | 47.520 | 11 号横缝 | 0 | 54.974 | 13.000 |
| 1 号横缝 | 14.37 | 98.658 | 45.858 | 12 号横缝 | 15 | 80.358 | 16.930 |
| 2 号横缝 | 15 | 88.242 | 42.710 | 13 号横缝 | 15 | 85.260 | 22.478 |
| 3 号横缝 | 15 | 78.629 | 39.003 | 14 号横缝 | 15 | 91.420 | 27.442 |
| 4 号横缝 | 15 | 71.639 | 34.151 | 15 号横缝 | 15 | 98.660 | 31.826 |
| 5 号横缝 | 15 | 62.125 | 29.418 | 16 号横缝 | 15 | 106.819 | 35.670 |
| 6 号横缝 | 15 | 55.680 | 23.303 | 17 号横缝 | 15 | 115.731 | 39.038 |
| 7 号横缝 | 15 | 50.790 | 16.244 | 18 号横缝 | 15 | 125.333 | 41.981 |
| 8 号横缝 | 17.5 | 89.728 | 4.950 | 19 号横缝 | 15 | 135.467 | 44.571 |
| 9 号横缝 | 12.5 | 0.000 | 0.000 | 20 号横缝 | 15 | 146.067 | 46.858 |
| 10 号横缝 | 12.5 | 89.699 | 4.950 | 21 号横缝 | 15 | 157.064 | 48.887 |
| 11 号横缝 | 12.5 | 54.974 | 13.000 | 右坝端 | 10.276 | 168.049 | 49.447 |

### 9.3.2 横缝键槽形式

为了增加横缝面的抗剪强度，横缝设置键槽和不设键槽相比，横缝内设键槽可提高拱坝的整体性，提高拱坝抗震性能及施工期坝块的稳定性。故根据拱坝构造要求，横缝内需设置键槽，键槽形状和尺寸主要考虑以下因素：

（1）能传递作用于缝面的应力，以增强拱坝的整体性；

（2）使接缝灌浆阻力最小；

（3）不因应力集中和表面温度梯度引起裂缝；

（4）施工较方便，且不易损坏。

规范建议采用梯形键槽和圆弧形键槽两种形式。近期,国内混凝土拱坝多数采用圆弧形键槽,工程实践经验证明,圆弧形键槽应力条件好,缝面不易挤压破坏,同时灌浆阻力较小,形状简单,施工方便。

山口拱坝横缝键槽均采用圆弧形键槽,键槽圆弧半径 50cm,平面直径 80cm,弦高 20cm,单块模板上按 3×3 矩阵布置 9 个球面,球面中心间距 1.0m。且横缝内均埋设平行两套管路灌浆系统,以保证接缝灌浆质量。

## 9.3.3 横缝灌浆系统

横缝灌浆系统的布置应遵守以下原则:

(1) 浆液能自下而上均匀地灌注到整个灌区缝面;

(2) 灌浆管路和出浆设施与缝面连通顺畅;

(3) 灌浆管路顺直、弯头少;

(4) 同一灌区的进浆管、回浆管和排气管管口集中。

每个灌区的灌浆系统由进浆管、回浆管、升浆管和出浆设施、排气设施以及止浆片组成。

大坝横缝灌浆系统由预埋两套水平灌浆镀锌钢管和两套预埋连接在灌浆管上的升浆钢管支管组成,进浆管及回浆管的进口、回浆管的出口都平行布设在各个相应灌区的廊道内,进浆、回浆水平灌浆管均采用 $\phi$38.1mm(1.5 英寸)镀锌钢管,与进浆管连接的升浆配件支管采用 $\phi$25.4mm(1 英寸)镀锌钢管,水平进浆管、回浆管分别设置在各个灌区底部,升浆管采用 $\phi$20mm 软塑料管与升浆配件支管连接拔管成孔,各个灌区顶部设置预留水平排气槽,排气槽两端通过排气管与相应灌区内廊道相连,使浆液充满横缝面内。

## 9.3.4 横缝灌浆灌区布置

规范建议拱坝横缝灌浆区适宜的面积为 200~400m²,灌浆高度为 9~15m。山口拱坝横缝长度 10~27m,浇筑层厚度为 1.5m 和 3m,根据规范建议,适合的灌区高度为 9~13m,为提高施工速度,最低灌浆区高度为 9m,灌区高度设置原则上应和浇筑层高、灌区面积、横缝长度协调一致,还应满足拱坝封拱温度分区要求。

## 9.3.5 横缝止水止浆

根据规范要求,在校核洪水位以下的横缝上游面、下游面、溢流面以及坝体与基础相连的上游面沿坝轴线方向均设置铜片止水,坝顶沿横缝方向设置上下游连通铜片止水、坝基沿横缝部位设置基础铜片止水,根据规范及工程经验,部分止水片可兼作止浆片。

（1）止水片布置

上游面设置2道紫铜片止水，止水间距40cm，厚1.6mm，宽60cm；下游面设置1道紫铜片止水，厚1.2mm，宽40cm；下游铜片止水沿坝顶和上游铜片止水相连将坝顶封闭；坝基上游面沿坝轴线设置1道基础铜片止水，厚1.6mm，宽60cm，嵌入基岩面30cm，需开挖止水槽，止水槽深度0.5m，宽度1～1.5m；横缝底部沿横缝设置1道紫铜片止水兼作止浆片，厚1.6mm，宽40cm，且与上、下游面止水焊接封闭；坝身孔口溢流面止水根据孔口是否过缝确定，设置道数为1道；廊道周边设置1道橡胶止水。

铜片止水均采用退火紫铜片。

（2）止浆片布置

所有灌区均应设置止浆系统，止浆系统应封闭良好，能有效防止串浆漏浆。止浆系统由上游止水、下游止水、坝顶横缝止水、坝基底部横缝止水、水平止浆片、廊道周边止水组成，水平止浆片采用镀锌薄钢板制作。上游面两道铜片止水之间的部位需设置灌浆管路进行灌浆。

## 9.4 灌浆材料及技术要求

### 9.4.1 浆液要求

坝址区地下水水质良好，对混凝土无腐蚀性。坝体横缝接缝灌浆采用P·O 42.5级普通硅酸盐水泥进行灌浆。要求水泥新鲜无污物。横缝灌浆建议采用水灰比为0.5∶1的浆液，并加入0.25%的高效减水剂，浆液应为单一配比浓浆，只有在灌浆确有困难时可增大水灰比。要求浆液2h析水率2%～3%、黏度值为37～39s、结石强度为36～37MPa（28d抗压强度）。

### 9.4.2 灌浆压力及控制

接缝灌浆时，必须具有适当大小的灌浆压力，较大的灌浆压力能使灌入缝内浆液的最终稠度也较高，并可加速浆液的析水和压实过程，从而提高灌浆效果。同时应适当控制灌浆压力，以防止各坝段或坝块产生不利的应力和变形。

灌浆压力控制标准：出浆口压力控制在0.5MPa左右或缝面的张开度小于0.5mm，出浆浓度与进浆浓度一致且缝面不再吸收浆液后、压力维持30min即可结束。

施灌时灌浆区上部混凝土覆盖层厚度要求不低于9m，坝顶除外。同一高程灌区施灌应按由中间坝段向边坝段的顺序对称进行。施灌时同高程待灌区及上层待灌区均应通水平压。对于缝的张开度较小，灌浆困难时，可采用超冷以及加大灌浆压力的方法施灌，直至满足要求为止。横缝灌浆的最大灌浆压力最终由生产性灌浆试验现场确定。

## 9.5　灌浆材料

（1）横缝灌浆的主要目的：恢复并保持拱坝的连续整体性；使坝横缝具有与坝体混凝土相同的力学强度；保证坝缝具有必需的抗渗性能。拱坝封拱灌浆后才成为整体结构，通过横缝传递荷载，最终方能挡水受力。

（2）横缝灌浆均采用普通硅酸盐水泥，但应属早强型，强度等级为 52.5R，不得低于 42.5R，水泥细度要求则根据横缝张开度 $\delta$ 的规定加以选用，详见表 9.2。

表 9.2　收缩横缝灌浆用水泥品种、强度等级、细度要求表

| 横缝（收缩缝）张开度 $\delta$（mm） | 水泥品种及强度等级 | 细度要求 |
| --- | --- | --- |
| ＞1.0 | 普通硅酸盐 42.5R～52.5R | 通过 70 目筛应占 98% |
| 0.5～1.0 | 普通硅酸盐 52.5R | 通过 80 目筛应占 99.7% |

（3）水泥必须符合质量标准和设计要求，不得使用受潮结块的水泥，并要求水泥新鲜无污物。

（4）灌浆用水应符合拌制水工混凝土用水的要求。

（5）各类浆液加入外加剂的种类及其掺加量由材料试验确定。

（6）收缩缝张开度 $\delta＜0.5$ mm 时，一般采用超细水泥或加大灌浆压力的措施，必要时也可采用环氧树脂浆液的化学材料灌浆，这种浆液可灌入张开度为 0.2mm 的缝内，浆液硬化后，粘结力强、收缩性小、强度高以及稳定性好。

## 9.6　灌浆系统和设备机具

（1）钻孔冲洗和压水试验用水泵应有足够的供水量，保证压力稳定、出水均匀、工作可靠。

（2）制浆采用高速搅拌机，转速不低于 1200r/min，进行二次制浆时，可配置低速搅拌机不停搅拌，以避免浆液沉淀。搅拌机的拌和能力应满足要求，应保证均匀、连续地拌制浆液。

（3）灌浆泵性能应满足灌浆要求，宜采用多缸柱塞式灌浆泵，其容许工作压力应大于最大灌浆压力的 1.5 倍，压力波动范围宜小于灌浆压力的 20%，并应有足够的排浆量和稳定的工作性能。

（4）应配置适用的流量计、压力表。灌浆泵和灌浆孔口处均应安装压力表，

使用压力宜在压力表最大标值的 1/4～3/4 处。压力表在使用前应进行标定，使用过程中应经常检查核对，不合格和已损坏的压力表严禁使用。压力表和管路之间应设有隔浆装置。

（5）灌浆管路应保证浆液流动畅通，应能承受 1.5 倍的最大灌浆压力，并配置各种适用的调节阀门。

（6）进行二次制浆时，集中制浆站的制浆能力应满足灌浆进度高峰期所有机组用浆的需要，并应配备相应的设备。

（7）所有灌浆设备、仪器、仪表均应始终保持工作状态正常，并应配有足够的备用件。电力驱动的设备，应在接地良好并经确认能保证施工安全时使用。

（8）灌浆管路应使浆液自下而上均匀地灌注到整个灌区缝面内；灌浆管路和出浆设施与缝面连通顺畅；灌浆管路顺直、弯头少；同一灌区的进浆管、回浆管和排气管管口要集中。灌浆管路不得横穿缝面。

（9）采用塑料拔管方式时，应使用软塑料管，经充气 24h 检查无漏气现象时方可使用，塑料管封头宜采用热压模具加工成圆锥形，充气接头应采用压紧连接方式。

（10）采用预埋镀锌钢管时，管路转弯处应使用弯管机加工或用弯管接头连接，进浆管与升浆管或水平支管的连接均应使用三通，不得焊接，管上开孔应使用电钻，钻后要将管内碎屑清除干净。

（11）各灌浆区止浆片，特别是基础灌区底层止浆片必须保证埋设质量，安装不得错位，先期埋设的止浆片的外露部分若有缺陷，必须修补。

（12）灌浆管路连接完毕后应进行固定，防止在浇筑过程中管路移位、变形或损坏。

（13）分层安装的灌浆系统应逐层及时做好施工记录，整个灌区形成后，必须绘制该灌区灌浆系统的竣工图。

（14）灌浆系统的管路应根据需要选择不同管径并满足设计要求，外露的管口段长度不宜小于 15cm，离底板的高度应适当，并应分别标记管路名称。

## 9.7  制浆要求

（1）制浆材料必须称量，称量误差应小于 5%。水泥等固相材料应采用质量称量法。

（2）浆液必须搅拌均匀，测定浆液密度、黏度、析水率及温度等参数，并做好记录。

（3）高速搅拌机拌和时间不得小于 30s，浆液应用密度计校准其浓度是否与应配浓度相同。进入灌浆孔的浆液和孔内返回搅拌桶的浆液必须经过过滤。浆液从制备至用完的时间不超过 4h。

（4）进行二次制浆时，集中制浆站可用高速搅拌机制备水灰比为 0.5∶1 的浆液，采用适宜的输送流速送至各灌浆点。各灌浆点应测定来浆密度，并根据需要调制使用。

（5）寒冷季节施工应做好机房和灌浆管路的防寒保暖工作。炎热季节施工应采取防晒和降温措施。浆液温度应保持为 5～30℃，低于或超过此标准的应视为废浆。

## 9.8　坝体横缝灌浆施工

### 9.8.1　灌浆条件

大坝横缝接缝灌浆对灌浆时刻、温度、张开度等均有一定的规定和要求，大坝横缝各灌区须符合下列条件，方可进行灌浆：

（1）灌区两侧坝块混凝土的温度必须达到设计规定封拱灌浆温度值，方可进行灌浆操作，以避免坝段横缝再次收缩而拉裂。灌浆时坝体温度必须降到稳定温度，不得提高，根据工程情况可采用超冷灌浆，必要时可以使用人工冷却。为了防止在接缝灌浆后重新被拉开，规定以坝体最终稳定温度为灌浆封拱温度，即坝身混凝土冷却至稳定温度后混凝土体积变化呈稳定状态之后，进行封拱灌浆操作。

（2）灌区两侧坝块混凝土的龄期宜大于 6 个月，在采取了有效冷却措施的情况下，也不小于 4 个月，具体灌浆时间依据坝体温度另行通知。

（3）除顶层外，各灌区上部宜有 9m 厚混凝土压重，且其温度应达到设计规定值。

（4）接缝的张开度不宜小于 0.5mm。

（5）各灌区周边封闭良好，管路和缝面畅通。

（6）蓄水前应完成蓄水初期最低库水位以下各灌区的接缝灌浆及其验收工作，未灌区的接缝灌浆应在库水位低于灌区底部高程时进行。灌浆时间一般应在水库蓄水前气温较低的冬季进行。

### 9.8.2　灌浆程序

（1）横缝接缝灌浆应按高程自下而上分层进行，同一层内的横缝灌浆宜由大坝中部灌区开始施灌，再依次向两岸对称推进进行。

（2）在待灌坝块内，应根据灌浆的需要，埋设一定数量的测温计、测缝计和变形观测装置。灌浆时，应密切监测横缝两侧混凝土的变形，定时进行监测并做记录。

（3）同一高程的横缝灌区，一个灌区灌浆结束 3d 后，其相邻的横缝灌区方可开始灌浆。若相邻坝块灌浆区均已具备灌浆条件，可采用同时灌浆方式，也可采用按从中到边顺序逐区推进的连续灌浆方式。当采用连续灌浆时，前一灌区灌浆结束后 8h 以内，必须开始后一灌区的灌浆，否则仍应间隔 3d 后再进行灌浆。

（4）同一坝缝的下一层灌区灌浆结束 10d 后，上一层灌区方可开始灌浆，若上、下层灌区均已具备灌浆条件，可采用连续灌浆方式，但上层灌区应在下层灌区灌浆结束后 4h 以内进行，否则仍应间隔 10d 后再灌浆。

（5）如坝基灌浆先于横缝进行时，应防止浆液进入横缝收缩缝内堵塞灌浆系统，凡有可能发生串浆的底部收缩缝，均应在坝基灌浆时，在缝内通过不断通水进行冲洗。

### 9.8.3　灌浆压力

（1）灌浆过程中必须控制灌浆压力和缝面张开度，灌浆压力应达到设计要求。若灌浆压力尚未达到设计要求，而缝面张开度已达到设计规定值，应以缝面张开度为准限制灌浆压力。

（2）灌浆压力由排气槽同一高程处的排气管管口的浆液压力表示。如排气管引至廊道，廊道内排气管管口要求的浆液压力应根据排气槽的高程换算确定，如排气管堵塞，则以回浆管管口处相应的压力为准进行控制。

（3）灌浆压力的选择是在满足防止各坝段或坝块产生不利的应力和变形的前提下推荐采用较大的灌浆压力，使浆液在灌浆管路系统中循环流动，以便填充各处缝隙面，同时使灌入缝内浆液的最终稠度变大，并可加速浆液的析水和压实过程，以使缝内浆液凝固后，水泥石的密实度和强度均较高，从而提高灌浆效果。

（4）灌浆压力标准为出浆口压力控制在 0.5MPa 左右，同时横缝的张开度小于 0.5mm，出浆浓度与进浆浓度一致且缝面不再吸收浆液后、压力维持 30min 即可结束。该压力是在顶部排气槽出浆时测得，在选择灌浆压力时应计入缝面和管路的压力损失。

（5）为控制灌浆压力，施灌时同高程相邻待灌区及上层待灌区必要时均应通水平压。

（6）对于缝的张开度较小时，可采用超冷以及加大灌浆压力的方法施灌，直至满足要求为止。

（7）灌浆的最大灌浆压力最终由生产性灌浆试验现场确定。

### 9.8.4　灌浆前准备工作

（1）测定灌区缝面两侧和上部坝块的混凝土温度，可采用充水闷管测温法或设计规定的其他方法。

（2）测量灌区缝面的张开度。灌区内部的缝面张开度应使用测缝计测量，表层的缝面张开度可以使用孔探测仪或厚薄规量测。

（3）对灌区系统应进行通水检查，通水压力一般应为设计灌浆压力的 80%。检查内容如下：

① 查明灌浆管路通畅情况。灌区至少应有一套灌浆管路畅通，其流量宜大于 30L/min。

② 查明缝面通畅情况。采用"单开通水检查"方法，两个排气管的单开出水量均宜大于 25L/min。

③ 查明灌区密闭情况。缝面漏水量宜小于 15L/min。

（4）当灌浆管路发生堵塞时，应采用压水冲洗或风水联合冲洗等措施疏通。若无效，可采用钻孔、掏洞、重新接管等方法修复管路系统。

（5）当两根（或一根）排气管与缝面不通时，可先进行反向压水处理，如无效，则应补钻排气孔，修复排气通路。

（6）当止浆片或混凝土缺陷漏水时，应采取嵌缝、钻孔布置和补灌措施由设计、监理、施工共同商定。

（7）灌浆管路全部堵塞无法疏通时，应全面补孔，钻孔布置和补灌措施由有关单位商定。

（8）灌浆前必须进行预灌性压水检查。预灌性压水检查应在相邻已灌灌区满足 9.8.2（3）和 9.8.2（4）所规定的间隔时间后进行，压水压力等于灌浆压力，检查情况应做记录，经检查确认合格且监理认可后应签发准灌证，否则应按检查意见进行处理。

（9）灌浆前应对缝面冲水浸泡 24h，然后放净或通入洁净的压缩空气排除缝内积水，方可开始灌浆。

（10）两个灌区互相串通时，应待互串区均具备灌浆条件后同时灌浆。有 3 个或 3 个以上灌区互相串通时，必须查明情况，经设计、监理、施工三方共同研究制定可靠的方案后，慎重施工。

（11）为监测坝体位移及缝面张开度，应根据需要和设计要求在有关的缝面上安设变形观测装置。

（12）在需要通水平压或冲洗的灌区，应做好相应的准备工作。

（13）在灌浆泵与灌区之间应建立可靠的通信联络方式。

## 9.8.5 灌浆施工

（1）升浆管路采用塑料拔管方式施工时，应遵循以下规定：灌浆管路应全部埋设在后浇筑块中，在同一灌区内，浇筑块的先后次序不得改变；先浇筑块缝面模板上预设的竖向半圆模具，应在上下浇筑层间保持连续，并在同一直线上；后浇筑块浇筑前安设的塑料软管应顺直地稳固在先浇筑块的半圆槽内，充气后与进浆管三通或升浆孔洞连接紧密；塑料软管的拔管时机应根据塑料管的材质、混凝土状态以及气温等条件，通过现场试验确定，一般情况下宜待后浇筑块混凝土终凝后择机放气拔出。

（2）在每层混凝土浇筑前应对灌浆系统进行检查，发现问题及时处理。

（3）采用塑料拔管方式时，在后浇筑块混凝土浇筑完毕并拔管后，应对升浆管路进行通水检查和冲洗。

（4）整个灌区形成后，应对灌浆系统通水进行整体检查并做记录，确保管路系统满足要求，通水压力一般应为设计灌浆压力的 80%。

（5）灌浆系统的外露管口和拔管孔口应盖封严密，妥善保护。

（6）防止污水流入接缝，在清洗后浇筑块仓面时，应将先浇筑块的缝面用清水冲洗干净。

（7）在混凝土浇筑过程中，应对灌浆系统进行维护，防止管路系统损坏。

（8）灌浆系统的检查和维护都应设专人负责。

（9）当灌浆管路发生堵塞时，应采用压力水冲洗或风水联合冲洗等措施疏通，若无效，可采用钻孔、掏洞、重新接管等方法修复管路系统。

（10）当排气管与缝面不通时，可先进行反向压水，若无效，则应补钻排气孔，修复排气通路。

（11）坝体横缝接缝灌浆采用预埋管和拔管方式，弧形键槽布置在先浇块的缝面上。

（12）横缝灌浆建议采用水灰比为 0.5:1 的浆液，并加入 0.25% 的高效减水剂，浆液应为单一配比浓浆，只有在灌浆确有困难时才可增大水灰比。要求浆液 2h 析水率（2～3)%、黏度值 37～39s、结石强度为 36～37MPa（28d 抗压强度）。

（13）灌浆时，水泥浆凝固时间不宜太快，水灰比一般为 2:1、1:1、0.5:1 三个比级，开始灌注 2:1 的浆液，待排气管出浆后，浆液水灰比改为 1:1，当排气管出浆水灰比接近 1:1 时，即改用水灰比为 0.5:1 的浆液灌注。当缝面张开度较大，管路畅通，排气管单开出水量大于 30L/min 时，开始灌注水灰比为 0.5:1 的浆液。

（14）为尽快使浓浆充填缝面，开灌时排气管应全部打开放浆，其他管应间断打开放浆，当排气管排出最浓一级浆液时，再调节排气管的排浆量以控制压力，直至结束，所有管口放浆时均应测定浆液浓度，并记录弃浆量。

（15）灌浆结束条件：当排气管排浆达到或接近最浓比级浆液，且管口压力或缝面张开度达到设计规定值<0.5mm，注入量不大于 0.4L/min 时，压力维持

持续 30min，灌浆即可结束。

（16）当排气管出浆不畅或被堵塞时，在控制变形的同时，尽量提高进浆压力，力争达到 9.8.5 节（14）条规定的结束标准。若无效，则在顺灌结束后，应立即从两个排气管中进行倒灌。

（17）倒灌时应使用最浓比级浆液，在设计压力下，缝面不再吸浆，压力持续 10min 即可结束。

（18）在灌浆过程中，必须保持各灌浆区的灌浆压力基本一致，并应协调各灌浆区浆液的变换。

（19）若 3 个或 3 个以上的灌浆区相互串通时，灌浆前必须摸清情况，研究分析，制定切实可行的方案后慎重施工。

（20）灌浆结束时，应先关闭各管口阀门后再停机，闭浆时间不宜少于 8h。

## 9.8.6　特殊情况处理

（1）灌浆过程中发现浆液外漏，应先从外部进行堵漏，若无效再采用灌浆措施，如加浓浆液、降低压力等进行处理，但不得采用间歇灌法。

（2）灌浆过程中发现串浆，当串浆灌区已具备灌浆条件时，应同时灌浆。否则应采取以下措施：若开灌时间不长，应使用清水冲洗灌区和串区，直至灌、串区的排气管出水洁净时停止，待串区具备灌浆条件后再同时灌浆；若灌浆时间已较长且串浆轻微，可在串区通低压水循环，直至灌区灌浆结束、串区循环回水洁净时停止。

（3）灌浆过程中，当进浆管和备用进浆管均发生堵塞，应先打开所有管口放浆，然后在缝面张开度限值内尽量提高进浆压力，疏通进浆管路，若无效可再换用回浆管进行灌注或采取其他有效的措施。

（4）灌浆因故中断，应立即用清水冲洗管路和灌区，保持灌浆系统通畅。恢复灌浆前，应再做一次压水检查，若发现灌浆管路不通畅或排气管单开出水明显减少时，应采取补救措施。

（5）当灌区的缝面张开度小于 0.5mm 时，可采取以下措施：使用细度为通过 $71\mu m$ 方孔筛筛余量小于 2% 的水泥浆液或细水泥浆液；在水泥浆液中加入减水剂；在缝面张开度限值内提高灌浆压力；或采用化学灌浆。

## 9.8.7　灌浆质量检查

（1）坝体横缝接缝灌浆质量的优劣，对坝体的结构强度和抗渗强度，具有直接的重大影响。因此经过灌浆后的接缝质量，是否满足设计要求，必须进行实际检验。

（2）坝体横缝接缝质量检验工作主要包括检验标准、现场记录、钻孔取样和成果鉴定等。各灌区的接缝灌浆质量，应以分析灌浆资料为主，结合钻孔取芯、槽检等质检成果，以及以下几个方面，进行综合评定：①灌浆时坝块混凝土的温度；②灌浆管路通畅、缝面通畅以及灌区密封情况；③灌浆施工情况；④灌浆结束时排气管的出浆密度和应力；⑤灌浆过程中有无中断、串浆、漏浆和管路堵塞等情况；⑥灌浆前、后接缝张开度的大小及变化；⑦灌浆材料的性能；⑧缝面注入水量；⑨钻孔取芯、缝面槽检和压水检查成果以及孔内探缝、孔内摄像等测试结果。

（3）坝体接缝灌浆必须做好施工过程（工序）的质量控制和检查，其检查的内容、方法、合格标准应根据工程的具体情况按《水工建筑物水泥灌浆施工技术规范》（SL 62—2014）有关规定和要求、相关验收规程以及设计要求确定，并经设计师同意监理工程师批准后方可实施。

（4）接缝灌浆属于隐蔽工程，因此必须在全部灌浆施工过程中，分类分区随时做好尽可能完备的记录，然后通过整理分析，作为对各灌区灌浆质量进行鉴定的重要依据。

（5）接缝灌浆工程的质量，应以分析灌浆施工记录和成果资料为主，结合钻孔取芯、槽检等测试资料，综合进行评定。

（6）根据灌浆施工记录和成果资料分析，如灌区两侧坝块混凝土的温度达到设计规定值，两个排气管排浆密度均达到 $1.5\mathrm{g/cm^3}$ 以上，且有压力，其中一个排气管管口压力已达到设计压力的 80％ 以上，其他情况基本符合要求，灌区灌浆质量可评为合格。

（7）钻孔取芯、压水试验和槽检工作，应选择有代表性的灌区进行，即应从被评为灌浆质量好的、中等的、不合格的各类灌区中选取若干有代表性的灌区进行检查工作。检查重点宜放在根据灌浆资料分析被评为不合格的灌区，若该区检查结果较好，灌浆质量可重新评定。根据取出芯样，观察缝面灌浆结石的情况和厚度，并做出记录，以便与现场记录，互相对照验证。

（8）具体检查部位和检查标准，应由业主、设计、监理、施工等单位共同商定。

（9）接缝灌浆质量检查工作时间应在灌区灌浆结束 28d 以后进行。

（10）接缝灌浆灌区的合格率在 80％ 以上，不合格灌区分布不集中，且每一坝段内每一条横缝内灌浆灌区质量的合格率不低于 75％，接缝灌浆工程质量即可评为合格。

（11）对钻取的芯样需进行力学强度和抗渗强度的试验作为验证。

（12）对于不合格的灌区部分需及时进行补救加强措施。

（13）孔检、槽检结束后，检查孔、检查槽应填缝密实。

## 9.9 竣工资料和验收

（1）对灌浆工程施工情况如实、准确地记录，灌浆资料应及时整理并分析统计，分别绘制成图表。

（2）验收工作由业主、监理、设计、承包商等组成验收委员会或小组进行。验收所需的文件如下：

① 工程文件：有关的设计资料、设计图纸及修改通知等；

② 有关的竣工资料和报告：包括有关原始资料、成果资料、工程质量检查报告、工程竣工报告以及技术总结等。

（3）灌浆资料应包括以下内容：

① 室内浆液试验成果报告；

② 灌浆材料检验报告；

③ 钻孔、测斜、冲洗（包括裂隙冲洗）、压水试验和灌浆记录；

④ 灌浆中的抬动变形观测记录；

⑤ 灌浆孔成果一览表和灌浆分序分区统计表；

⑥ 灌浆孔和检查孔竣工图（包括平面位置图和综合剖面图）；

⑦ 各次序孔吸水率频率曲线和频率累计曲线图；

⑧ 单位耗灰量频率曲线和频率累计曲线图；

⑨ 钻孔测斜成果汇总表和平面投影图；

⑩ 检查孔压水试验成果表；

⑪ 坝块混凝土温度测量成果、坝缝张开度测量记录、灌浆时缝面张开度变化记录等（接缝灌浆）；

⑫ 检查孔和先导孔的岩芯柱状图；

⑬ 声波测试成果及报告；

⑭ 灌浆材料检验、试验资料；

⑮ 照片、录像和芯样实物；

⑯ 质量检查报告；

⑰ 与灌浆有关的其他资料。

（4）经验收委员会或小组详细检查后，认为灌浆质量符合设计要求时，应签发合格证，如不符合要求，承包商应根据验收委员会或小组意见进行处理，直至合格为止。

# 第 10 章
# 质量检测和控制

## 10.1 水泥

（1）主体工程选用 42.5 级中热硅酸盐水泥。水泥由发包单位提供。承包人应定期、分批负责质量检验。水泥性能必须稳定，其品质应符合国家标准《通用硅酸盐水泥》（GB 175—2007），同时应满足下列要求：

①　水泥中的碱含量（NaO+0.658K$_2$O 计）必须≤1%；

②　所用水泥中 MgO 的含量必须控制为 3.5%～5.0%；

③　水泥水化热 3d 不应超过 251kJ/kg，7d 水化热不应超过 293kJ/kg；

④　水泥熟料中 C$_4$AF 的含量宜≥16%；

⑤　水泥比表面积宜控制为 250～320m$^2$/kg；

⑥　水泥 28d 抗折强度宜≥8.0MPa；

⑦　水泥细度采用 0.08mm 方孔筛筛余量不得超过 10%，宜为 3%～6%。

最终工程选用水泥指标应以发包人采购及试验确定的指标为准。

（2）发包人供应的水泥应保持质量稳定，每批水泥必须有出厂检验单，运到工地后进行复检。若同一批水泥数量低于或超过 200t 时，应按 200t 抽检一次。

（3）进入拌合楼的水泥最高温度不得超过 65℃，否则应采取有效措施降温，并报监理工程师批准。

（4）优先使用散装水泥。水泥的运输、储存必须按不同品种及出厂编号分别运输和存放，存放期宜小于 3 个月（散装水泥不应超过 6 个月）；否则，使用前必须进行复检，并根据复检的具体结果确定能否使用。

（5）水泥的运输及存放应有防雨、防潮措施，严禁使用结块水泥。

## 10.2 粉煤灰

（1）混凝土中须掺入经过试验论证的优质粉煤灰。粉煤灰由发包单位提供，承包人应定期、分批负责质量检验。

（2）粉煤灰的品质和指标需满足山口拱坝工程的要求，并经试验论证。山口拱坝工程要求粉煤灰品质指标和化学成分见表 10.1。

表 10.1  粉煤灰品质指标和化学成分

| 指标 | 粉煤灰等级 | | 山口工程标准 |
|---|---|---|---|
| | Ⅰ | Ⅱ | |
| 细度（45$\mu$m 方孔筛筛余）（%） | ≤12 | ≤20 | ≤20 |
| 烧失量（%） | ≤5 | ≤8 | ≤5 |
| $SO_3$（%） | ≤3 | ≤3 | ≤3 |
| 需水量（%） | ≤95 | ≤105 | ≤95 |
| 碱含量（$NaO+0.658K_2O$）（%） | ≤1.5 | ≤1.5 | ≤2.0 |

（3）每批粉煤灰均应有厂家的品质试验报告及合格证，主要内容包括厂名、级别、出厂日期、批号、数量及品质检验结果。

（4）粉煤灰应优先采用Ⅰ级粉煤灰，大坝混凝土、溢流面、泄水闸墩、泄水孔口等部位应采用Ⅰ级粉煤灰，其余部位应优先采用Ⅰ级粉煤灰，Ⅱ级粉煤灰可以用于上下游边坡整治、下游拱座处理、水垫塘、二道坝、护坦等部位的混凝土。

（5）粉煤灰的品质、验收、保管必须符合《用于水泥和混凝土中的粉煤灰》（GB/T 1596—2017）以及《水工混凝土掺用粉煤灰技术规范》（DL/T 5055—2007）的要求。

## 10.3  砂石骨料

（1）混凝土的骨料采用 C1 料场的天然砂石骨料，部分为人工破碎补给。

（2）本工程所使用的砂石骨料必须在预先指定并经过试验和论证的料场进行开采，若另选料场，必须进行相关试验及论证并经批准后，方可使用。

（3）冲洗筛分好的骨料应分仓堆放，并有足够的脱水时间及相应的排水措施。

（4）料场四周应进行防护，不得混入其他有害杂质，并必须采取遮阳防雨措施，以降低骨料温度及保证骨料含水率稳定。

（5）保证骨料的质量，是混凝土温度控制的主要内容。用于混凝土的骨料，包括粗骨料和细骨料，应质地坚硬、清洁、级配良好，骨料的堆存、运输及品质要求需满足以下规定，承包人应按规范要求进行质量检测。

① 细骨料

a. 细骨料的质量技术要求应符合《水工混凝土施工规范》（DL/T 5144—2015）中的规定。主要指标参见表 10.2。

b. 细骨料应质地坚硬、清洁、级配良好，细度模数控制在 2.2～3.0 范围内。

c. 送至拌合系统（即出厂）的砂含水量应均匀稳定，含水率小于 6%。

表 10.2　细骨料的质量技术要求

| 序号 | 项目 | 指标 | 备注 |
|---|---|---|---|
| 1 | 含泥量（≥$C_{90}$30 和有抗冻要求的） | ≤3% | （1）含泥量指粒径小于 0.08mm 的细屑和黏土的总量。 （2）不应含有黏土团 |
| | 含泥量（<$C_{90}$30 和无抗冻要求的） | ≤5% | |
| 2 | 坚固性（有抗冻要求的） | ≤8% | 指硫酸钠溶液法 5 次循环后的质量损失 |
| | 坚固性（无抗冻要求的） | ≤10% | |
| 3 | 云母含量 | ≤2% | |
| 4 | 表观密度 | ≥2.5t/m³ | |
| 5 | 轻物质含量 | ≤1% | |
| 6 | 硫化物及硫酸盐含量 | ≤1% | 折算成 $SO_3$ |
| 7 | 有机物含量 | 浅于标准色 | |

② 粗骨料

a. 粗骨料的质量技术要求应符合《水工混凝土施工规范》（DL/T 5144—2015）中的规定。主要指标参见表 10.3。

表 10.3　粗骨料质量技术要求

| 序号 | 项目 | 指标 | 备注 |
|---|---|---|---|
| 1 | 含泥量（$D_{20}$、$D_{40}$粒径级） | ≤1% | 各粒径级均不应含有黏土团块 |
| | 含泥量（$D_{80}$、$D_{150}$粒径级） | ≤0.5% | |
| 2 | 坚固性（有抗冻要求的） | ≤5% | |
| | 坚固性（无抗冻要求的） | ≤12% | |
| 3 | 硫化物及硫酸盐含量 | ≤0.5% | 折算成 $SO_3$ |
| 4 | 有机质含量 | 浅于标准色 | |
| 5 | 表观密度 | ≥2.55t/m³ | |
| 6 | 吸水率 | ≤2.5% | |
| 7 | 针片状颗粒含量 | ≤15% | |
| 8 | 超径含量 | ≤5% | 原孔筛检验 |
| 9 | 逊径含量 | ≤10% | 原孔筛检验 |
| 10 | 软弱颗粒含量 | ≤5% | |

b. 粗骨料应质地坚硬、清洁、级配良好，含水率小于 1%。

c. 当最大粒径为 40mm 时，分成 5～20mm 和 20～40mm 两个级配；当最大粒径为 80mm 时，分成 5～20mm、20～40mm 和 40～80mm 三个级配；当最大粒径为 150（120）mm 时，分成 5～20mm、20～40mm、40～80mm 和 80～150（120）mm 四个级配（方孔筛）。

201

d. 各级骨料应避免分离，分别用中径（10mm、30mm、60mm、115mm）方孔筛检测的筛余量应在40％～70％范围内。

e. 混凝土骨料应采用连续级配。

f. 混凝土成品料堆堆料高度应大于6m。

## 10.4 拌合用水

（1）拌合混凝土及混凝土养护用水必须选用经净化处理后的河水，其质量指标需满足《混凝土用水标准》（JGJ 63—2006）要求。未经处理的各类污水不得用于拌合和养护混凝土。

（2）混凝土拌合用水不得含有对混凝土产生有害影响的物质，即所含物质不应影响混凝土和易性和混凝土强度的增长，以及引起钢筋和混凝土的腐蚀。

（3）凡符合国家标准的生活饮用水均可使用，未经处理合格的工业废水不得使用，拌合用水可采用经过处理的河水。

（4）拌合混凝土及混凝土养护用水应符合以下要求：

① 混凝土拌合养护用水与标准饮用水试验所得的水泥初凝时间差及终凝时间差均不得大于30min。

② 混凝土拌合养护用水配制水泥砂浆28d抗压强度不得低于用标准饮用水拌合的砂浆抗压强度的90％。

③ 混凝土拌合养护用水的pH值和水中的不溶物、可溶物、氯化物、硫酸盐的含量应符合表10.4的规定。

表10.4 拌合与养护混凝土用水的指标要求

| 项目 | 钢筋混凝土 | 素混凝土 |
|---|---|---|
| pH值 | ＞4 | ＞4 |
| 不溶物（mg/L） | ＜2000 | ＜5000 |
| 可溶物（mg/L） | ＜5000 | ＜10000 |
| 氯化物（以$Cl^-$计）（mg/L） | ＜1200 | ＜3500 |
| 硫酸盐（以$SO_4^{2-}$计）（mg/L） | ＜2700 | ＜2700 |

## 10.5 外加剂

（1）外加剂品质应符合《混凝土外加剂》（GB 8076—2008）、《混凝土外加剂应用技术规范》（GB 50119—2013）、《水工混凝土外加剂技术规程》（DL/T 5100—2014）的标准。

（2）使用外加剂前，承包单位必须将每一种外加剂的名称、来源、样品、技术性能、可供鉴定外加剂品质的其他资料，以及最优掺量试验成果报告递交监理工程师，并征得监理工程师批准后方可使用。

（3）进场的外加剂应有产品说明书及材料证明，使用前必须进行相应品质检验。

（4）混凝土中须掺入经过试验论证的优质外加剂，减水率大于 17%，混凝土的含气率控制在 5%～6%。

（5）外加剂由发包单位统供，承包人应负责质量检验，检验按《混凝土外加剂》（GB 8076—2008）中检验规则的规定执行。

（6）不同品种外加剂应分别储存，在运输与储存中不得相互混装，以避免交叉污染。

（7）外加剂若存放时间超过 6 个月或出现冷凝结霜后不能使用，除非重新试验证明其有效后方能使用。

（8）使用的外加剂必须在类似工程中按照招标技术条款要求成功使用过。外加剂的掺量参考生产厂家推荐值，并进行现场试验经监理工程师批准后方可使用。

## 10.6　原材料的质量检验

1. 水泥检验

每批水泥均应有厂家的品质试验报告及合格证；承包人应按国家和行业的有关规定，对每批水泥进行取样检测，必要时还应进行化学成分分析。其他检测的项目包括水泥强度等级、凝结时间、体积安定性、稠度、比表面积、密度等试验，检测取样以 200～400t 同品种、同强度等级水泥为一个取样单位，不足 400t 时也应作为一取样单位。

2. 粉煤灰检验

每批粉煤灰均应有厂家的品质试验报告及合格证；承包人应按国家和行业的有关规定，对每批粉煤灰进行取样检测。其他检测项目包括细度、需水量比、烧失量、$SO_3$ 含量、含水率等指标，检测取样以 100～200t 为一个取样单位，不足 200t 时也应作为一取样单位。

3. 外加剂检验

（1）每批外加剂均应有出厂检验报告及合格证，使用单位应进行验收检验。

（2）外加剂的分批以掺量划分，掺量大于或等于 1% 的外加剂以 100t 为一个批次，掺量小于 1% 的外加剂以 50t 为一个批次，掺量小于 0.01% 的外加剂以 1～2t 为一个批次，一批进场的外加剂不足一个批号应视为一个批检验。

（3）对配制外加剂溶液的浓度，每班至少检查一次。

4. 水质检验

混凝土拌合养护用水，在水源改变或对水质有怀疑时，应采取砂浆强度试验法进行检测对比，如果水样制成的砂浆抗压强度低于原合格水源配制的砂浆 28d 龄期抗压强度的 90%，该水不能使用。

5. 骨料质量检验

混凝土骨料取样与检验方法按《水工混凝土砂石骨料试验规程》（DL/T 5151—2014）和有关标准执行。

6. 原材料的温度检测

在混凝土的施工过程中，应至少每 4h 测 1 次原材料的温度，原材料测温包括骨料、水泥和粉煤灰。

## 10.7　混凝土拌和质量检验

（1）在混凝土拌和生产中，应定期对混凝土拌合物均匀性、拌和时间进行检验，如发现问题应立即处理。

（2）在混凝土拌和生产中，应对各种原材料的配料称量进行检查记录，每 8h 不应少于 2 次。称量混凝土组成材料的衡器应在作业开始之前对其精度进行校验，称量设备精度应符合有关规定：水、水泥、粉煤灰、外加剂秤的称量误差控制在 ±1% 以内，各级骨料的称量误差控制在 ±2% 以内，在施工过程中每月一次定期复核校正，如施工过程中发现由于称量误差而引起混凝土性能变化时应进行复核校正。

（3）混凝土的拌和时间，每 4h 应检测一次。

（4）混凝土的拌合物的均匀性检测，其检测方法按《混凝土搅拌机》（GB/T 9142—2000）和《水工混凝土试验规程》（SL 352—2006）进行。

（5）定时在出机口对一盘混凝土推出料先后各取一个试样（每个试样不少于 30kg），以测定砂浆密度，其差值应不大于 30kg/m³。

（6）用筛分法分析测定粗骨料在混凝土中所占百分比时，其差值不应大于 10%。

（7）现场混凝土坍落度的检测，出机口应每 4h 检测 2 次，仓面应每 4h 检测 1 次。其允许偏差应符合表 10.5 的规定。

表 10.5　混凝土坍落度允许偏差

| 坍落度（cm） | 允许偏差（cm） |
| --- | --- |
| ≤4 | ±1 |
| 4~10 | ±2 |
| >10 | ±3 |

（8）掺引气剂的混凝土，每 4h 应检查 1 次混凝土的含气率，其变化范围应控制在±1.0％以内。

（9）混凝土拌合物的水胶比在必要时要按监理工程师的指示进行检验。

（10）混凝土出机口温度、入仓温度、浇筑温度测量按混凝土温控的有关规定执行。

## 10.8　混凝土取样强度检测

（1）现场混凝土抗压强度的检测，以机口取样为主，每组混凝土的 3 个试件应在同一储料斗或运输车厢内的混凝土中取样制作。同一等级混凝土的试样数量应以表 10.6 规定为准。仓面试件取样数为机口取样数量的 10％。

**表 10.6　混凝土各龄期强度试件取样**

| 类别 | | 28d 龄期试件数 | 180d 龄期试件数 | 90d、365d 龄期试件数 |
|---|---|---|---|---|
| 抗压强度 | 大体积混凝土 | 每 500m³ 成型试件一组 | 每 1000m³ 成型试件一组 | 每 10000m³ 成型试件各一组 |
| | 非大体积混凝土 | 每 100m³ 成型试件一组 | 每 200m³ 成型试件一组 | 每 1000m³ 成型试件各一组 |
| | 棱柱强度、抗压弹性模量 | 各龄期抗压强度试件的 5% | | |
| 抗拉强度 | 大体积混凝土　轴拉强度、轴拉弹性模量、极限拉伸值 | 每 6000m³ 成型试件一组 | 每 6000m³ 成型试件一组 | 每 200000m³ 成型试件各一组 |
| | 大体积混凝土　劈拉强度 | 每 6000m³ 成型试件一组 | 每 10000m³ 成型试件一组 | |
| | 非大体积混凝土 | 每 200m³ 成型试件一组 | | |

（2）抗压强度的检测以 150mm 立方体试件的抗压强度为标准。混凝土试件的成型、养护及试验，按《混凝土试验规程》（SL 352—2006）进行。

（3）在大坝混凝土施工初期，为预测混凝土的强度，每一层在机口取样一组试件进行混凝土抗压强度的检测。检测宜采用快速测量法，或进行 7d 龄期强度试验。

（4）混凝土的抗渗、抗冻要求，应在混凝土配合比设计中予以保证。抗渗、抗冻或其他主要特殊要求应在施工中适当取样检验，其数量可按每季度施工的主要部位取样成型 1～2 组，其取样部位由监理工程师指定。混凝土设计龄期（90d）抗冻检验的合格率不应低于 80％；混凝土设计龄期（90d）的抗渗检验应满足设计要求。

（5）混凝土质量验收取用混凝土抗压强度的龄期与设计龄期相一致。混凝土生产质量的过程控制应以标准养护 28d 龄期试件抗压强度为参照，以标准养护设计龄期试件抗压强度为标准。混凝土不同龄期的抗压强度比值由试验确定。

## 10.9  混凝土质量的钻孔抽样检查

（1）除进行混凝土机口取样、仓面取样外，还应对已浇好的大体积混凝土进行钻孔取芯样、压水试验并进行芯样试验。钻孔数量按 5～8m/万 m³ 控制。一般取芯钻孔孔径不小于 $\phi$146mm，基础混凝土的钻孔应深入基岩 1.0m 左右。压水试验钻孔孔径为 $\phi$91mm。

（2）芯样试验内容包括立方体抗压强度、圆柱体抗压强度、混凝土本体及施工缝面圆柱体劈拉强度和轴拉强度及抗剪强度、混凝土重度、抗渗、轴拉弹性模量及极限拉伸值，试验组数取 13 组数的 5%。试验按《水工混凝土试验规程》（SL 352—2006）有关方法执行。

（3）混凝土钻孔取样试验的部位和数量按监理工程师的指示执行。

（4）监理工程师认为有必要时，可通知承包人进行坝体混凝土钻孔压水试验。压水试验应在钻孔冲洗后进行。试验采用"单点法"分段进行，按《水工建筑物水泥灌浆施工技术规范》（SL 62—2014）附录 A 的规定进行，试验压力 1.0MPa。

（5）承包人应采取可靠的措施防止管道和止水片等部位的渗漏，并应根据试段的渗漏情况采用合适的计量设备，确保计量精度。

（6）按监理工程师的指示对混凝土钻孔进行单孔和跨孔声波测试，也可对混凝土钻孔芯样进行对穿声波测试。声波测试按规范《水电岩土工程及岩体测试造孔规程》（NB/T 35114—2018）执行。

（7）在钻孔取样施工前，应核对各种观测仪器、电线电缆、各种管路钢筋等预埋件。

（8）大坝混凝土浇筑施工完成后必须十分重视内部观测系统的维护与管理，提高观测仪器、设备的完好率，应将内部观测系统的埋设质量和完好率，作为评定各施工质量的重要因素之一。

# 参考文献

[1] 魏万山，孙德炳，张学昊．白鹤滩拱坝横缝接缝灌浆施工工艺［J］．中国水利，2019（18）：39-41.

[2] 李秀琳．高寒地区碾压混凝土重力坝关键技术研究——初期越冬保温对策与施工动态管理系统开发［D］．北京：中国水利水电科学研究院，2008.

[3] 张政．碾压混凝土拱坝仓面施工质量监控方法研究［D］．郑州：华北水利水电大学，2019.

[4] 王敏，汪学全，尹志洋，等．高寒地区高拱坝温控措施费用计算方法研究［J］．水利水电工程设计，2018，37（01）：42-44＋55.

[5] 顾佳俊，夏世法，李秀琳，等．新疆某高拱坝温度应力计算与温度控制关键技术研究［J］．大坝与安全，2018（01）：52-55＋61.

[6] 李秀琳，夏世法，孙粤琳．新疆冲乎尔碾压混凝土重力坝底孔温控仿真分析［J］．中国水利水电科学研究院学报，2017，15（01）：44-48.

[7] 杨伟才，孙志恒．高拱坝迎水面聚脲涂层防渗结构动力变形性能试验研究［J］．水利水电技术，2016，47（12）：100-104.

[8] 吕康．严寒、长间歇期高拱坝浇筑进度仿真研究［D］．天津：天津大学，2017.

[9] 王庆勇．高寒地区混凝土双曲拱坝温控措施与效果评价［J］．中国水运（下半月），2016，16（02）：166-168.

[10] 李秀琳，夏世法，李蓉，等．某碾压混凝土重力坝上游保温板脱落后的混凝土温度应力反馈分析［J］．大坝与安全，2015（06）：48-50.

[11] 张熊君．溪洛渡双曲拱坝接缝灌浆施工［J］．水电与新能源，2014（11）：24-27.

[12] 丁照祥．高纬度常态高拱坝三期冷却及封拱灌浆方案选择与应用［J］．水利水电技术，2014，45（06）：79-81＋84.

[13] 卢冰华．严寒地区双曲混凝土拱坝接缝灌浆施工技术［J］．水利水电技术，2014，45（06）：14-16＋19.

[14] 井向阳．高混凝土坝施工—运行全过程动态温控防裂分析方法研究［D］．武汉：武汉大学，2014.

[15] 丁照祥，刘辉，罗斌，等．新疆布尔津山口拱坝混凝土入仓方案选择与缆机应用［J］．水电能源科学，2014，32（02）：135-138.

[16] 邓汉鹏，颜再荣．聚脲在锦屏水电站拱坝裂缝防渗处理中的应用［J］．水力发电，2013，39（09）：42-44.

[17] 孙启冀，侍克斌，李捷．寒冷干旱地区高碾压混凝土坝温控防裂研究初探［J］．混凝土，2013（06）：143-144.

[18] 冯帆．基于整坝全过程仿真的特高拱坝施工期工作性态研究 [D]．北京：中国水利水电科学研究院，2013．

[19] 丁照祥．抗冲磨型高性能混凝土在高拱坝建设中的试验研究 [J]．水利建设与管理，2012，32 (10)：5-8．

[20] 刘辉．新疆布尔津山口水利枢纽拱坝高边坡开挖及支护技术 [J]．水利水电技术，2012，43 (09)：69-73．

[21] 潘旭东，高红涛．山口水电站坝型和枢纽布置主要设计特点综述 [J]．水利科技与经济，2012，18 (08)：77-79．

[22] 卯颖，姚激，李泽．小湾拱坝上游防渗体系设计与施工 [J]．水电能源科学，2011，29 (06)：86-88．

[23] 丁照祥．全级配、高性能常态混凝土在严寒高蒸发地区高拱坝建设中的试验研究和应用经济评价 [J]．水利建设与管理，2011，31 (S1)：48-55．

[24] 朱文锋．考虑提前蓄水发电的高拱坝封拱灌浆若干问题研究 [D]．宜昌：三峡大学，2010．

[25] 孙志恒，喻建清．300m 级拱坝喷涂聚脲防渗仿真模型试验及应用 [J]．水利水电科技进展，2009，29 (06)：49-53．

[26] 莫玄超，李晓刚．拉西瓦水电站双曲拱坝混凝土接缝重复灌浆研究 [J]．水力发电，2009，35 (11)：28-29．

[27] 夏世法，李秀琳，鲁一晖，等．高寒地区碾压混凝土坝岸坡坝段保温方案研究 [J]．中国水利水电科学研究院学报，2008 (02)：93-99．

[28] 张国新，任宗社，陈永福，等．寒冷地区特高拱坝夏季封拱灌浆问题研究 [J]．水力发电，2007 (11)：55-58．

[29] 李桂胜．黄河拉西瓦拱坝夏季接缝灌浆技术标准优化研究 [D]．西安：西安理工大学，2007．

[30] 郭迎旗．高寒地区碾压混凝土坝施工工艺研究 [D]．西安：西安理工大学，2005．

[31] 朱伯芳．寒冷地区有保温层拱坝的温度荷载 [J]．水利水电技术，2003 (11)：43-46+106．

[32] 朱伯芳．关于拱坝接缝灌浆时间的探讨 [J]．水力发电学报，2003 (03)：18-24．

[33] 杨成祝，张和平，田春雨，等．寒冷地区薄拱坝设计实例 [J]．东北水利水电，1999 (01)：3-4．

[34] 厉易生，朱伯芳，林乐佳．寒冷地区拱坝苯板保温层的效果及计算方法 [J]．水利学报，1995 (07)：54-58．